度小月系列

關於度小月 ....

在台灣古早時期，中南部下港地區的漁民，每逢黑潮退去，漁獲量不佳收入艱困時，爲維持生計，便暫時在自家的屋簷下，賣起擔仔麵及其他簡單的小吃，設法自立救濟度過淡季。

此後，這種謀生的方式，便廣爲流傳稱之爲『度小月』。

小吃拼圖

路邊攤
賺大錢
money 8
【養生進補篇】

Contents

Preface

一本充滿善意的好書

從事餐飲服務已將四十餘年，從國宴、國際美食至團膳伙食，踏遍世界六十餘國與地區，只有最懷念台灣遍佈在各地方的傳統美食，有時候為了想吃肉圓或米粉湯，開一多小時的車去滿足一下口福也不為過。

大都會文化出版的《路邊攤賺大錢》一書，精巧地深入介紹各地區的傳統美食，在全面不景氣的大環境裡，幫助想改行創業者得以渡過難關，甚至能賺大錢，消費者也能以很低的消費滿足基本的大享受，可說創造雙贏，是一本充滿善意的好書，真讓我好生感動，也開展了學習的視野。

今有幸為大都會文化出版的《路邊攤賺大錢》寫推薦序，同時期望在業的同業好友重視此書的內容。

經歷

全國烹飪協會榮譽理事長

亞都飯店主廚

世界中國菜烹飪國際評委

上海、中央銀行主廚

進補，是爲了走更長的路

食補的觀念在中國由來已久，自古就有「藥食同源」、「冬令進補，來春打虎」的說法，過去精緻藥膳是帝王公侯家才能享用，現代社會民生富庶，大家都吃得起各式各樣的補品，尤其是時序入冬，街頭到處傳來香濃的燉補味，光是聞著便暖意十足。

此次的《路邊攤賺大錢8〔養生食補篇〕》將帶領大家去看看十家歷史悠久、口碑遠傳的補品店如何在景氣寒冬中迄立不搖，如何以獨特的口味贏得顧客的支持，期望能讓有心投入補品小吃生意的人，更瞭解這個行業的辛酸甘苦。而美食老饕們也可以透過此書的介紹和附錄中的夜市美食地圖，規劃一趟藥膳養生之旅，趁天寒地凍補足精、氣、神，春天來臨時才能生龍活虎！

本書還收錄了「珍貴藥方輕鬆補」的藥膳食譜、「冬令進補須知」，詳列各種補品的藥方食材和正確的使用方法及禁忌，以便讀者在家就能做出各種健康美味的藥膳。在此要特別提醒在家自己燉補的讀者，近來假酒肆虐，選購米酒時要特別注意，或儘量以別的材料來代替米酒。這一波的假米酒風暴，亦使不少補品店家蒙受損失，據估計較以往少了約三成的營業額。衷心期望在政府的強力掃蕩和人民良知的覺醒之下，這種人神共憤的行徑能夠儘快絕跡。

在此特別感謝此次配合採訪的商家，也感謝讀者對我們的支持，大都會文化未來也將努力製作好書，希望大家繼續給我們批評指教。

大都會文化編輯部

Preface

好的品質，終究能贏得肯定

在全球一片景氣不振，市場持續低迷的時刻，小從一般的市井小民大到跨國的公司行號，莫不在各方面縮衣節食，斤斤計算以節省開銷。身處在經濟如此不穩定時代，小吃這一行業卻能夠在這股不景氣中逆勢成長，難怪許多人興起當老闆的念頭。然而，要如何能夠掌握開業的技巧，在為數眾多、競爭激烈的小吃業中脫穎而出，一些店家老闆的成功經驗，不啻是創業新鮮人的最佳典範。

此次以冬季的進補藥膳為主題，本書中所介紹的店家，當中許多都是傳承數十載的老店，有些則是老闆在開業短短的幾年中，就闖出不錯的成績。而從這些老闆經營事業的成功經驗，正可以提供了許多想投入小吃業的民眾一個良好的示範與參考，除了從中可以學習到經營事業的訣竅及注意事項，也可以有效減短在創業初期的摸索階段。

在採訪這些店家期間，實際體會到每位老闆經營生意的熱誠及用心之處，難怪在這不景氣的當頭，有些店家依舊是維持著生意興隆、大排長龍的盛況，這同時也代表著不景氣並不代表民眾就不消費，在精打細算的同時，好的品質最終還是會贏得消費者的肯定。在這波不景氣中，自行創業當老闆已經成為許多人的選擇，希望藉由一些老成功的經驗作為參考，讓每一位創業者都能突破不景氣，開闢出自己的另一片天空！

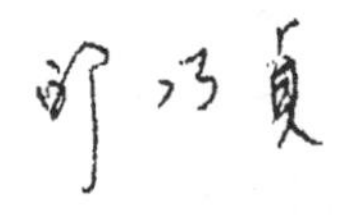

補品小吃名店

- 元祖當歸鴨
- 小德張羊肉爐
- 元祖燒酒蝦
- 四季補藥膳排骨
- 有緣養生五行補益餐坊
- 佳味薑母鴨
- 林記藥膳土虱
- 順意滋膳阿媽補
- 圓環麻油雞
- 劉記四神湯

元祖當歸鴨

紮實Q韌的鴨肉，
配上清澈甘美的湯頭，
風味絕佳，
嚐過才知道！

美味評比：★★★★★	人氣評比：★★★★★	服務評比：★★★★★	便宜評比：★★★★★
食材評比：★★★★★	地點評比：★★★★★	名氣評比：★★★★★	衛生評比：★★★★

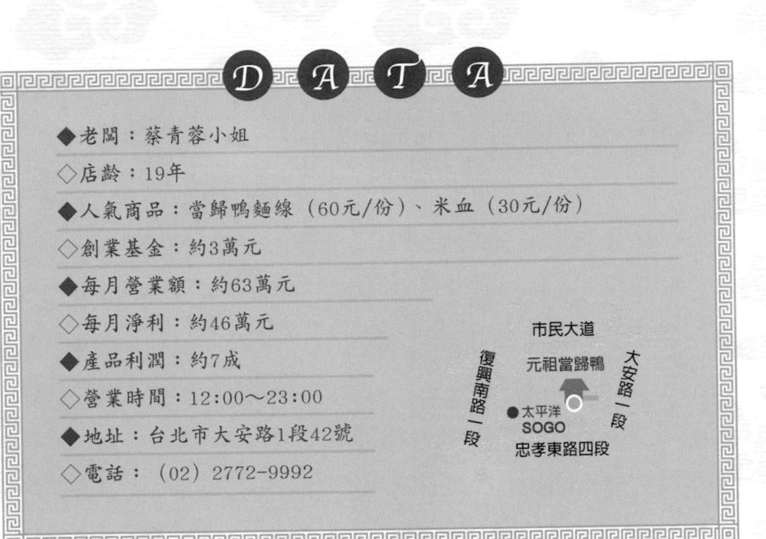

在眾多強調味美功效佳的養身藥膳之中，當歸鴨這項食物看起來是再平凡不過了，深色的湯藥裡頭伴隨著幾塊鴨肉，雖然不具吸引人的賣相，但真正品嚐時才能感受到其美味何在，而療效也一點都不輸給其他的補品。

「元祖當歸鴨」在台北東區已經有十九年的時間了，經由老闆娘精心改良口味後的當歸鴨，不但吸引許多懂得風味的老饕前來品嚐，也讓吃慣了都市裡新奇美食的年輕男女，開始了解傳統食物的美味何在。

▲「元祖當歸鴨」位在台北東區的大安路上。

心路歷程

老闆娘蔡小姐在台北東區經營這家「元祖當歸鴨」，至今也已經有十九年的時間了。原本只是單純地在夫家幫忙事業的她，當初並沒有想到會自行創業，也是在一次偶然的機會之下，在朋友那裡學習到了燉煮當歸鴨的技巧及訣竅，回到家後便試著自己改良湯頭，愈做愈有心得之後，才萌生了創業的念頭。

「在台北東區經營當歸鴨生意十九年了，口味及功效上都贏得不少客人的好評，若還沒嚐過，下次來到東區時不妨進來店裡坐坐。」

「元祖當歸鴨」的老闆娘・蔡青蓉

一開始在東區營業時，蔡小姐便是以攤車的形式經營著，由於攤位是熟識的朋友所提供，所以省去了租金，每年只需要繳交營業稅。後來，則是因為大安路拓寬的緣故，只好將攤車的位置往內遷移。

雖然地點是位在人潮不斷的台北東區內，但是蔡小姐表示剛開始經營時生意並不好，一方面是因為氣候的關係，另一方面則可能是大家對於這口味還不熟悉。就這樣慘澹經營了二、三個月之後，天氣逐漸轉涼，上門的顧客也就多了。

生意一轉好，就連非用餐時間的下午時段，店內的依舊人潮不斷，蔡小姐說，之前店內生意最好時，請了七、八個人手幫忙，都還忙不過來呢！

蔡小姐也表示真正喜歡當歸鴨味道的人，是不受季節影響的，即使是在炎熱的夏季，喜歡吃的客人還是會上門品嚐，當然在口味上她也是會隨季節稍微調整。

而近幾年，店裡的生意還是受到不景氣的影響，跟全盛時期相較差了一大截，每到下午時段店裡就冷清了點。

在東區經營了十多年，「元祖當歸鴨」早就已經累積了一定的口碑與客源，同時也吸引了許多美食節目慕名前來採訪，店內牆上還掛有陳美鳳與蔡小姐的合照。研究當歸鴨十多年的經驗，蔡小姐說自己不僅在湯頭上下了功夫，對於鴨肉的選擇也特別有心得，太年輕的鴨隻，肉質太嫩不夠結實，只有豢養一定時日的鴨子，肉質才會既Q又帶有嚼勁！在這養生補氣的時節，就提供給大家做為參考。

經營狀況

【命　名】　藉以代表改良口味後的創始風味。

蔡小姐表示當初在取「元祖當歸鴨」這個店名時，並沒有經過特別的考慮，只是覺得元祖這二個字，代表著創始，也希望經由自己改良後的獨特口感，能夠受到顧客的喜愛。而當歸鴨則直接點出了店內的招牌產品，從開業以來，有好幾年的時間，店內維持著只有販賣當歸鴨這項產品，後來才陸續加入其他食物。而蔡小姐也並沒有特別為這店名申請登記。

【地　點】位在東區精華地，往來人潮多。

當初會選擇想要在大安路上開業，主要也是看中這裡的人潮，再加上蔡小姐的親戚就在這附近經營成衣店，彼此之間還可以有個照應。

東區本來就是台北的精華地段，辦公大樓、百貨商場林立，再加上安東市場附近的住宅區，匯聚的人氣的確可觀。隨著捷運開通及微風廣場的開幕，許多逛街或看電影的人潮也都會經由大安路往返微風及SOGO二大商場之間，相對地提高店內的生意。

尤其到了晚上，一走進大安路，兩旁的店家都擠滿了吃夜宵的人潮，選對地點，可也是路邊攤成功經營的重要一步喔。

【租　金】十坪大小，租金介於五至六萬間。

由於一開始是以攤車的經營方式，設攤的地點又是自己朋友所提供，所以省掉了一大筆租金費用，每年只需繳交營業稅。之後因為馬路拓寬的緣故才往內遷移，由於目前的店面是屋簷加蓋構成的空間，十坪左右的空間，每月的租金約二萬五千元。

在寸土寸金的台北東區，要尋覓一個適合的店面地點，也著實不容易。當初，蔡小姐也是因為親戚朋友們，老早就在這一帶做生意，才享有地利之便，蔡小姐也大致透露這附近的租金行情，約十坪大小的空間，租金介於五至六萬元之間。

食材

選擇要豢養百天以上的鴨肉為佳。

烹煮當歸鴨，所注重的就是湯頭以及鴨肉兩個部分了。在湯頭方面，老闆娘使用了桂尖、甘草、熟地等中藥，以及整條的當歸下去燉熬，而藥材的比例是影響整鍋湯底口感的重點。這些中藥材都是老闆從迪化街批來的。

而鴨肉的部分，則是在環南市場選購，老闆娘也透露了選擇鴨隻的重點：至少要選擇豢養一百天以上的鴨隻，這樣大小的鴨隻煮起來的口感最佳，有些鴨子重量太輕，肉質太嫩，不夠結實，煮之前還要先經炸過，反而非常麻煩。

【硬體設備】

器材簡單，環河南路上都可購得。

當初創業時最主要的生財器具就是一台攤車。當時約花了一萬多元購得，老闆娘建議可以在環河南路一帶的批發市場購買，其他像是熬湯底的燉鍋，在一般市面上的商場都可以買得到，而搬進店面之後，簡單的流理台以及存放鴨肉等食材的大型冰箱，到環河南路一帶也都可以選購得到。

其他像是冷氣、桌椅及一些鍋碗瓢盆等器具，林林總總加起來的花費，不超過十萬元。雖然這些都是多年前的價格，但是至今除了食材方面的價格波動較大外，這些硬體設施的價格應該差不了多少，想自行開業的人，扣除店租之後，準備個十萬元左右就差不多了。

【成本控制】景氣不佳，夫妻倆小本經營。

在成本控制上，食材支出的費用是屬於比較不固定的，像是藥材及鴨肉，隨時會隨市價波動，但是跟熟識的廠商進貨，還會拿到較合理的價格，品質上也比較有保障。

蔡小姐也透露由於店裡當歸鴨的鴨肉只選用鴨身部分，一隻鴨約四到五斤重，目前市價大約一斤五十元左右，以前店內生意好時還曾一天賣出一百七十隻鴨，現在平均下來一天差不多賣個十隻鴨左右。

雖然店裡生意還算不錯，但多少也受到整個大環境不景氣的影響，跟當初全盛時期相比，收入的確銳減不少，所以在整個成本控制上，只好從人事方面先行精簡，之前曾經請了七、八位的員工幫忙，而目前主要就是由蔡小姐夫妻兩人共同經營著。

【口味特色】涼麵配上當歸鴨的奇特組合。

從開業以來，將近七、八年的時間，店內都維持著只賣當歸鴨這項產品，之後才又陸續增加一些麵食小菜來搭配。當然店內的招牌是非當歸鴨莫屬了，根據老闆娘的說法，當歸鴨的湯底是經由她不斷的改良，才調配出絕佳的藥材比例，並會依著季節來調整，而調配好的藥包至少要燉熬二個鐘頭，平時在保溫的過程中還需要隨時注意湯底的濃淡，避免熬太久，湯頭太苦。鴨肉則是選用口感最紮實的鴨身部分，煮鴨時先川燙至八分熟撈起備用，待客人點用時，再和湯頭一同放入熬煮，口感才會恰到好處。

通常我們所知道的當歸鴨都是搭配麵線食用，而在這裡則多了一種選擇，也可以搭配冬粉，冬粉爽滑的口感配上濃濃的中藥味，別有一番風味。不僅如此，店裡一年四季都供應涼麵，在炎炎夏日中，可以看見許多客人是一盤涼麵搭著一碗當歸鴨，這樣的搭配，滋味究竟如何，老闆娘說這可得要親自來體會囉！

順道一提，在冬季店內也推出四物湯，清淡的口味，男女皆適合食用，只是女性食用後的效用會比男性來得大些。

▲ 當歸鴨麵線肉質香甜，湯頭香滑不膩。可以搭配充滿古早味的米血或是爽口的涼麵，都別有一番滋味。

【客層調查】 老顧客最懂得品嚐當歸鴨風味。

店面位在台北東區，平日除了一些上班族在用餐時間會固定光顧之外，一些住在附近的老顧客，每到下午時間只要經過這裡，都會進來店裡點碗當歸鴨，多年下來，有些人都已經養成習慣了。至於到了晚上，則又聚集了下班或是到附近逛街的顧客，時間再晚些，則又有另一批吃宵夜的人潮。

當然，「元祖當歸鴨」十幾年的口味，也吸引了不少老饕前來品嚐，老闆娘表示許多顧客本身就是同樣在經營餐飲業，總是會趁著下午店內休息的時間，來到店內嚐嚐鴨肉點些小菜小酌一番。

【未來計畫】 環境不景氣，小本經營下去。

在東區做了十多年的生意，蔡小姐的當歸鴨在這附近早已經累積了一定的口碑及客源。不過受到大環境不景氣的影響，現在店裡的生意，真的是不比往常好，所以蔡小姐並未有其他擴充的打算，只想安安穩穩的經營著自己店內的生意。過去，蔡小姐也曾經把烹調當歸鴨的秘方，教授給朋友開業，只不過師父領進門，修行在個人，蔡小姐現在也不知道對方經營得如何了。

▲老闆娘經過不斷改良，讓當歸鴨的湯頭口感變好了。

項　　目	說　明	備　　註
創業年數	19年	
創業基金	30,000元	
坪數	約20坪	
租金	約25,000元	附近的行情，十多坪的空間，每月約5至6萬元
座位數	約20人	
人手數目	2人	
平均每日營業時數	約11小時	
平均每月營業天數	約26天	
公休日	每星期六	
平均每日來客數	約350人	
平均每日營業額	約24,000元	
平均每日進貨成本	約5,000元	
平均每日淨利	約9,700元	
平均每月來客數	約9,100人	
平均每月營業額	約624,000元	
平均每月進貨成本	約130,000元	
平均每月淨利	約460,000元	

※ 以上營業數據由店家提供，經專家估算後整理而成。

成功有撇步

老闆娘表示既然想要做生意，就要對自己的食物有信心，而當歸鴨是一項著重湯頭的食物，如果有心經營這項食物的朋友，在湯頭方面一定得下功夫去研究。另外，經營小吃，也要著重環境及食材的衛生，要是處在一個髒亂不堪的環境下，即使食物有多美味，一般人應該也沒有心情坐下來用餐了。

進補小常識

烹煮當歸鴨常用到的中藥材，包含了當歸、桂尖、熟地、川芎等等，其中當歸具有補血、活血的療效，桂尖則能溫經通脈、溫中利尿、促進新陳代謝，川芎則有滋潤肝臟的功能，能止痛化瘀、疏通血絡，熟地則能精血、明耳目，這些都是補血的重要藥材。

以這些中藥材搭配鴨肉下去烹煮，不僅湯頭喝起來甘甜香滑，還具活血、顧筋骨的效用。

當歸鴨

材料說明

當歸鴨　鴨肉是去環南市場購買；中藥材包含了桂尖、熟地、甘草、當歸、川芎等，是至迪化街一帶批發購買；加入湯頭中的藥酒，是以米酒、當歸等中藥材自行調配。

▲以桂尖、甘草、熟地、川芎、當歸等中藥材熬煉而成的湯底，再加入特製的當歸酒，不僅湯頭濃郁，鴨肉也特別入味。

項　目	所需份量	價　格	備　註
鴨肉	一隻	約50元/1斤	依市價波動
特調藥酒	適量	自製	以米酒及當歸等中藥材調製而成
桂尖	適量	約120元/斤	
熟地	適量	約100元/斤	
甘草	適量	約80元/斤	
當歸	適量	約200元/斤	選用整條當歸不切片
川芎	適量	約150元/斤	

※ 中藥價格依等級種類有所不同，不時隨市價調漲，以上價錢供參考。

製作方式

1. 前製處理

鴨隻自市場買回後，先洗乾淨，再將毛拔乾淨。

2. 製作步驟

1. 將桂尖、熟地、甘草、當歸等數種中藥材，依比例裝入藥包中。

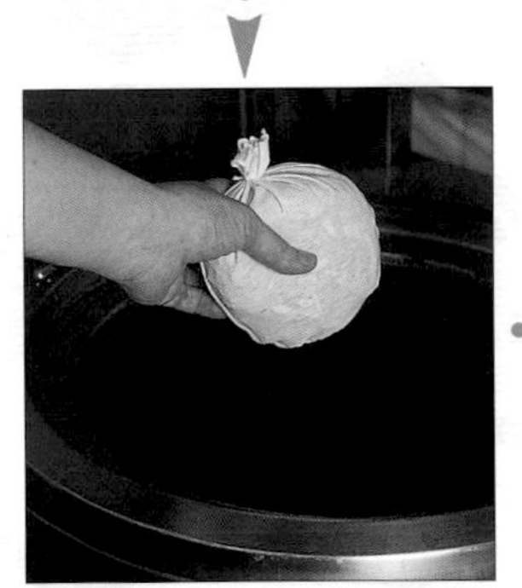

2. 將調配好的中藥包放進鍋中熬煉湯底，大約熬煉2小時左右，讓中藥完全入味。（期間必須隨時控制火侯，注意湯底的濃淡隨時調整）

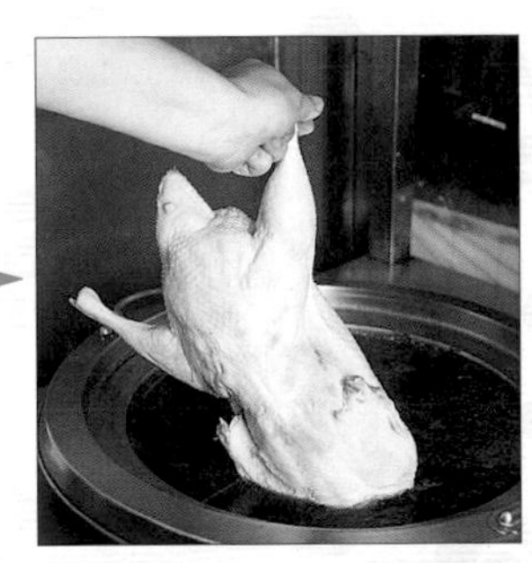

3. 先將鴨隻洗淨，再將整隻鴨放入中藥湯頭中燉煮，大約至八分熟時，就可撈起備用。

4. 煮好後的鴨隻。

5. 將鴨肉切塊處理。

6. 將切塊後的鴨肉，再次放入湯底中燉煮，讓鴨肉能和藥材相互交融。

7. 將手工麵線放入鍋中煮熟後撈起。

8. 將煮好的麵線放入碗中，再取一塊鴨肉置於其中。

9. 加入適量的當歸藥酒。

10. 舀入適量的中藥湯頭。

11. 當歸鴨麵線的成品。

DIY小技巧

可去中藥行調配藥包或購買市面上現成的藥包，先將藥包浸泡在米酒中，約20分後取出。首先，將鴨肉洗淨、切塊，燙熟後備用。於鍋中注入適量水，加入中藥包，熬煉湯頭，待藥味出來後，將藥包取出。再將燙熟後的鴨肉放進鍋中燉煮，待鴨肉入味熟透之後，即可食用。可視個人口味再添加米酒或調味料。

【獨家秘方】

老闆娘自行調配的當歸藥酒，是影響當歸鴨湯頭口感的重要原因。

【美味見證】

這裡的當歸鴨，不僅口味好，還具一定的滋補保健功效，趁著下午休息時間來到這裡，吃上一碗當歸鴨麵線，頓時覺得精神飽滿，養足了體力再回去工作。

黃先生 35歲 餐飲業

小德張羊肉爐

羊肉飄香

湯頭濃郁

道地的北方口味

盡在小德張的獨門秘傳

美味評比：★★★★★	人氣評比：★★★★★	服務評比：★★★★★	便宜評比：★★★
食材評比：★★★★★	地點評比：★★★	名氣評比：★★★★★	衛生評比：★★★★

◆老闆：馮和祥先生

◇店齡：10年

◆人氣商品：羊肉爐（450元/份）、醉雞（190元/份）

◇創業金額：約100萬元

◆每月營業額：約180萬元

◇每月淨利：約90萬元

◆產品利潤：約5成

◇營業時間：17：00～02：00

◆地址：台北縣永和市中山路一段89號

◇電話：（02）2927-5550

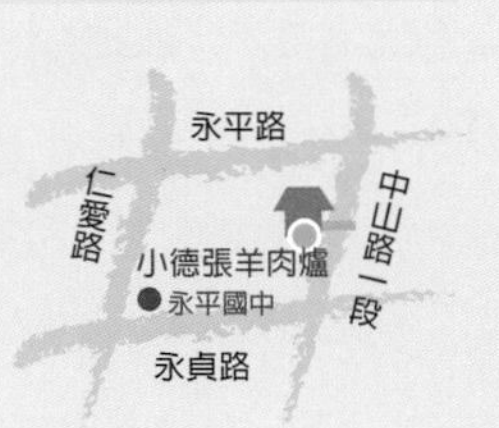

從中國的飲食文化上來看，腥羶的羊肉在中國北方民族眼中是絕佳的風味佳餚，而羊肉在到了中國南方，似乎就只得拼命滲入藥材湯底將羊羶味道加以遮蓋。

但是許多市面上的羊肉爐，時常不是加入過多的藥材而讓人吃不出羊肉的美味，就是加了濃厚的中藥材，還是遮蓋不了濃郁的羊騷味。如果你也有以上的困擾，不妨就來到「小德張羊肉爐」嚐嚐何謂道地的北方口味吧！

▲店面位於永和市中山路上，共有二層樓，空間寬廣。

心路歷程

一提到「小德張羊肉爐」，在台北永和地區可是赫赫有名，開業十年，累積的客源不僅涵蓋了整個大台北地區，還有許多人是從中南部遠道慕名而來。

「店裡經營羊肉料理已經有十年的時間了，選用的是來自紐澳的新鮮羊肉，經過中藥湯底調和精燉之後，吃起來完全沒有羊騷味。」

老闆・馮先生

「小德張羊肉爐」的負責人馮先生，本身在經營餐飲業方面已經有二、三十年的經歷了，打著家傳道地的北方口味，店內所烹調的羊肉爐，不但吃不出羶味，羊肉的美味也沒有被濃厚的中藥味所覆蓋，口味硬是與市面上一般的羊肉爐有所不同。據馮先生的說法，店裡羊肉爐的烹調秘方是從他祖父時傳下來的，湯底使用了紅棗、川芎、枸杞、桂皮等二十三種中藥材清燉而成，藥材會隨著冬夏季節調整。可能是由於環境關係，南方的羊肉就是比北方來的羶些，所以馮先生特別選用紐西蘭、澳洲進口的羊肉，那裡的羊肉不但肉質鮮美，還沒有難耐的腥羶味，再加入祖傳秘方清燉的湯底，呈現出的就是完完全全的北方口味了！

當初會開設這家「小德張羊肉爐」，馮先生表示主要是因為自己的兒子有興趣，加上位於永和的店面是自己的房子，烹調技術和地點都有了，於是便和兒子一同經營。十年下來，在台北中永和地區，也打出了響亮的名號。

馮先生也透露只要天氣稍微涼些，店門口都是大排長龍的人潮，但也別以為只有在寒冷的冬天，客人才會進門點上一盅羊肉爐保保暖，即使是在夏天，店內的生意也有著一定的水準，因為除了招牌的羊肉爐之外，菜單中二百多種南北菜色，也是吸引顧客上門消費的主要原因。

精研美食烹飪的馮先生表示，店內的各式菜色不僅在作法用料上十分講究，每位師傅也都要有著深厚的烹飪底子，才能做出如此精緻道地的風味佳餚。許多顧客都覺得只要來到「小德張」，就可以以路邊攤的價格，品嚐到餐廳裡的高級料理。

大約幾年前，馮先生曾經在東區一帶開設過分店，後來則因為房租太過昂貴而收掉。馮先生感慨的表示，在到處都不景氣的情況下，永和店裡還能維持著一定的營業狀況，也算是不錯了，事業版圖不僅限於此的他，現在純粹為了興趣以及抱著服務顧客的心態，希望「小德張羊肉爐」能永續經營下去。

經營狀況

【命　名】

希望員工可以本著奴婢伺候皇帝般的服務精神來招呼客人。

清朝末年有三大太監：李蓮英、安德海以及小德張。不明究理的人，初看到「小德張」這店名，還以為馮老闆怎麼如此逗趣以一個太監的名字來為店裡命名。殊不知馮老闆當初在取

▲店内圓木色的裝潢，古色古香，牆上掛有「小德張」的木匾招牌。

店名時，背後可是蘊藏著一番含意。

其實，馮老闆是希望店裡的每個工作人員都能夠效法過去奴婢伺候皇上的服務精神來招呼客人，而每位上門客人當然就如同皇上般，受到尊崇的待遇。

【地　點】

位於永和，以住宅區為主，店面位在交通三角地帶，頗為顯眼。

由於店面是馮老闆自己的房子，所以當初打算要開店時，馮老闆並沒有去考量到太多地點的因素。而店面恰巧位在永和中山路與巷口交界的三角地帶，搭上招牌之後，也讓店面變得顯眼不少，吸引許多路過車輛的視線。

不過永和中山路這一帶還是以住家為主，距離永和的精華區，像是熱鬧的樂華夜市一帶，還是有一小段距離，這是小小的不足。

【租　金】

自宅店面省去租金，店面還算寬廣，可容納六十個座位。

由於這家店面是馮老闆所有，因此省下了一大筆租金的費用。這棟一、二層樓的舊房子，在重新裝潢之後，空間還算寬敞，約可容納六十個座位。對於附近店面租金的行情，馮老闆也沒有特別去注意，不過若是位在樂華夜市一帶，一間四、五十坪的店面，每個月付上七、八萬的租金，應該是跑不掉。

食材

食材多樣，採用進口高級羊牛肉，符合國際衛生標準，讓顧客吃起來安心。

店裡的菜單上光是熱炒小吃、南北菜、碳烤等品項，就有二百多種，可想而知所需用到的食材種類之多樣。

就以店裡的二大招牌羊肉爐及牛甕的食材為例，馮老闆表示羊肉是澳洲、紐西蘭進口的土羊，選擇的都是十公斤以內的羊隻，肉質細嫩，而之所以會選擇進口的羊肉，主要是因為紐澳地區地廣人稀，飼養的羊隻品質佳，沒有羶味，加上冷凍處理上也都符合國際衛生標準，衛生可靠。

牛肉則是由美國進口，選擇的是三歲以內的牛隻，而且一定要選用牛的前腳部份，因為這部份的肉質帶有牛筋，搭配湯底下去燉煮，嚐起來才會Q嫩有勁。

【硬體設備】

除了基本生財工具外，裝潢也投入大筆費用。

店裡的羊肉爐是以炭燒的方式處理，用來盛裝羊肉爐的陶甕，則是馮老闆特別去訂做的，而炭燒爐檯就直接置放在店門口處。由於店裡也提供多種熱炒，廚房裡的設備不外乎是一般的瓦斯廚檯、大型抽油煙機、冰箱及大小鍋具等，在環南市場一帶都可買到。

基本上經營羊肉爐大多還是以店面的形式，在扣除房租、食材的支出之後。用在基本生財器具上的花費，最少也需要準

備個五十萬，主要還是得視個人經營的規模大小而定。

從外觀上看來，「小德張」就和一般的羊肉爐店家一樣，簡單的招牌，門口掛著幾個紅紅的燈籠，但一走進店內，才會發現別有洞天，店裡的裝潢古色古香，尤其是牆上高掛著一個刻有「小德張」的匾木招牌，十分氣派。

馮老闆表示，當初投資了多少錢在裝潢上，他已經忘記了。不過，他以當初開設復興店為例，約一百坪的店面，林林總總的費用加起來，就花了四百萬元。

【成本控制】 藉由熱炒類食物來增加利潤。

在成本利潤方面，馮老闆保守的表示，這方面實在很難去估算，而自己幾乎也是不計成本的在經營，只是顧客們捧場，讓生意能繼續經營下去。

▲店裡的醉雞酒味清香，肉質鮮嫩，是正宗的江浙料理。而脆皮豆腐炸的外皮酥脆，裡頭內餡鮮嫩，入口即化。

不過馮老闆也大致透露一些食材的價格，通常每次進一批中藥材就要花上三萬五千元，多久會用完要視每段時間的來客數。生鮮食材的費用，一天也要花上

五、六千元。

而據保守的估計，平均一天分別會賣出二百多斤的羊肉及牛肉，而每公斤羊肉的進貨價格約在二百元上下。

馮老闆也提到，外頭一些兼賣熱炒的店家，可能一盤蔥爆牛肉大家同樣賣個一百九十元，不過一般的牛肉頂多就一斤八十元，而店裡的牛肉卻是一斤二百元。再以店裡的二大招牌羊肉爐以及牛甕來看，半斤賣四百五十元（約二人量），再加上一些生鮮食材，人事開銷等費用，算算幾乎是賺不了多少錢，而主要賺錢的還是以熱炒類食物為主。

目前馮老闆大約聘請十五位工作人員，其中包含了外場的服務人員以及負責料理的師傅，這些師傅可是個個都有多年的餐飲烹飪經驗。

【口味特色】

道地北方口味，沒有濃厚的中藥味，羊肉也不腥羶。

店裡最膾炙人口的招牌菜就是羊肉爐及牛甕了，據馮老闆的說法，一鍋羊肉爐中，湯頭的口味是最重要的。店裡羊肉爐湯底的烹調秘方便是傳自他的祖父，作法是將紅棗、枸杞、川芎、桂皮等二十八種中藥材，放進陶鍋中燉熬二小時以上。待客人點時，再將白菜、凍豆腐、豆皮、香菇、羊肉等食材依序放入陶鍋中，同時還要再加入些紅棗來提味，最後倒入已經燉熬好的湯底，以炭火加熱，等到陶鍋裡的湯頭開始滾燙冒煙，就差不多完成了。

▲ 醬爆蟹肥，味鮮肉嫩，吃得到肥美的蟹黃。

馮老闆說烹煮時在火侯掌握上，可是一門大學問，不能讓鍋底煮得太爛，又得要讓食材吸足了湯汁的菁華，完成後的羊肉爐，不但肉質滑嫩，沒有羊騷味，湯頭也相當清甜。而沾醬是用豆腐乳及豆瓣醬六種食材去調配的。

此外，店內還有各式南北菜、熱炒小吃，例如脆皮豆腐，正宗的江浙風味的醉雞。

【客層調查】 老顧客及吃宵夜人口佔多數。

每日從下午五點開始營業至隔日凌晨二點多，馮老闆表示人潮大概可以分為晚餐及宵夜二個時段，大約六點多開始，客人就會陸續進來店裡，這時候來的大多是下了班的上班族，或是全家人一起來吃晚餐。再晚一點的時間，則是有些下了工的人，計程車司機或是一些夜貓子特地跑來吃宵夜。而一星期來吃上好幾趟的熟面孔也大有人在。

客源除了來自中永和地區之外，有些客人還是特地從新店過來。

開業數據大公開

項目	說明	備註
創業年數	約10年	
坪數	50坪	包含一、二樓的空間
租金	自宅	
座位數	約70人	
人手數目	約15人	約略估計薪資支出每月約40萬元左右
平均每日營業時數	約10小時	
平均每月營業天數	約30~31天	
公休日	無	
平均每日來客數	約1,000人	約略估計，平均每日賣出2百斤羊肉及牛肉，店裡每份羊肉爐及牛甕為半斤重量
平均每日營業額	約60,000元	
平均每日進貨成本	約15,000元	
平均每日淨利	約30,000元	
平均每月來客數	約30,000人	
平均每月營業額	約1800,000元	
平均每月進貨成本	約400,000-450,000元	
平均每月淨利	約900,000元	

※ **以上營業數據由店家提供，經專家估算後整理而成。**

【未來計畫】 抱著服務顧客的心態，永續經營。

過去曾在東區頂好戲院附近開設過一家分店，後來則是因為位在精華地段的房租，實在太過昂貴而收掉了。

而馮老闆也指出雖然自己店裡的生意還算不錯，但在大環境不景氣之下，過去一些同性質的店家，紛紛都收起了據點，店面是愈來愈少了。或許是事業有成的馮老闆，早已有了穩固的經濟基礎，對於擴充分店或加盟事宜，一直抱著低調的態度，他客氣的表示，能夠維持目前不錯的營業狀態就很滿意了，每天開心的工作，讓顧客吃的滿意，賓至如歸，就是他最大的收穫了。

成功有撇步

對於有心創業的人，馮老闆也提出了建言，不妨先努力去鑽研自己的食物口味，不要去計較付出的成本及利潤，做生意想要成功，基礎底子得先打好，才能贏得顧客的心。此外，對於每位上門的顧客，則要秉持著服務的精神，讓他們有著賓至如歸的感受，畢竟顧客就是如同自己的衣食父母。

一路走來，「小德張羊肉爐」就是秉持著這個信念在經營。

【做·法·大·公·開】

羊肉爐

材料說明

羊肉爐　羊肉是以紐西蘭進口的土羊，店裡每一鍋的份量約半公斤；鍋底的時蔬則有高山白菜、凍豆腐、豆皮、香菇、青江菜等，每鍋酌量放入，依時節更替；湯底則是以紅棗、枸杞、川芎、桂皮等中藥燉熬而成。

▲「小德張羊肉爐」以精煉的湯頭搭配季節性蔬菜及進口的高級羊肉烹調而成。

項　目	所需份量	價　格	備　　註
羊肉	半斤/1鍋	200元/斤	由紐、澳進口，選擇十公斤以下的土羊
白菜	適量	約20-25元/斤	季節性時蔬，不定時更換，依一般市價波動
青江菜	適量	約20元/斤	季節性時蔬，不定時更換，依一般市價波動
豆皮	適量	約10元/斤	季節性時蔬，不定時更換，依一般市價波動

製作方式

1. 前製處理

湯頭先以二十八種中藥材，熬燉二小時後備用。

2. 製作步驟

1. 在陶鍋中放入適量的高山白菜，不需放太多，烹煮時口感容易變爛。

2. 放入適量的凍豆腐於鍋內。

3. 放入適量的豆皮。

4. 加入一些紅棗提味。

5. 放入適量的青江菜。

6. 將切好的羊肉塊放入鍋內。

7. 倒入適量熬製好的湯頭於陶鍋內，放在炭火爐檯上加熱，至湯頭煮滾。

8. 陶鍋內的湯頭開始滾燙冒煙，代表裡頭的食材差不多已經入味煮熟，羊肉爐就完成了。

進補小常識

根據書上記載，羊肉可以補虛勞、益氣血、壯陽道，所以可以治療婦女手腳冰冷或臉色發白，以及男性因腎功能不佳導致的陽萎、早洩，或是胃腸不好導致的嘔吐、反胃等症狀。

羊肉的營養成分，包含了蛋白質、脂肪、鉀、鈣、鐵、磷、維生素B群等。基本上來說，吃羊肉爐對身體是有益的，但有些時候像是感冒、扁桃腺發炎、牙痛、咽痛、便秘時，則應該避免吃羊肉爐。

DIY小技巧

羊肉爐的中藥包可去中藥行調配，或是一般商店裡皆有販賣現成的藥包。先用米酒浸泡藥材約10分鐘，待用。將羊肉洗淨、切塊，放入鍋中川燙後取出，待用。

在鍋中注入清水，將藥包、羊肉放入，先煮沸後，在以小火煮約1小時左右，至肉熟入味即可。也可使用快鍋烹調。

【獨家秘方】

小德張羊肉爐祖傳的藥材秘方，是造就湯頭濃郁不膩的關鍵，而紐西蘭進口的高級羊肉，肉質鮮嫩，不腥羶，更增添羊肉爐的美味。

【美味見證】

經常在下了班之後和同事一起來到這裡聚餐，除了羊肉爐之外，各式南北菜以及熱炒，應有盡有，絕對是可以讓你一飽口福的好地方。

鍾先生（32歲，上班族）

元祖燒酒蝦

紅潤飽滿的鮮蝦，

肥美多汁的烤蛤，

「元祖燒酒蝦」的二大招牌，

華西街裡不可錯過的美食！

美味評比：★★★★★	人氣評比：★★★★★	服務評比：★★★★★	便宜評比：★★★
食材評比：★★★★★	地點評比：★★★★★	名氣評比：★★★★★	衛生評比：★★★★★

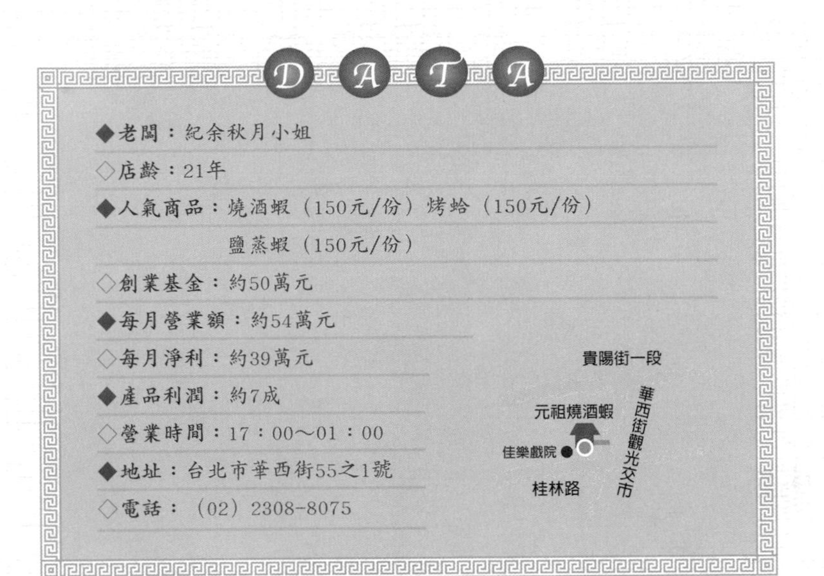

DATA

◆老闆：紀余秋月小姐

◇店齡：21年

◆人氣商品：燒酒蝦（150元/份）烤蛤（150元/份）
鹽蒸蝦（150元/份）

◇創業基金：約50萬元

◆每月營業額：約54萬元

◇每月淨利：約39萬元

◆產品利潤：約7成

◇營業時間：17：00～01：00

◆地址：台北市華西街55之1號

◇電話：（02）2308-8075

在華西街夜市裡，有著各式各樣的美食，從台式小吃到山產料理，應有盡有。而其中，還有一項讓人不能錯過的，就是現撈海鮮，尤其是以那肥美鮮甜活蝦料理最令人難忘。

不論是透著淡淡酒香的燒酒蝦，還是香酥帶味鹽蒸蝦，雖然烹調手法上不同，但那渾圓飽滿的鮮蝦肉質，嚐起來都是一樣的美味。來上一盤！那絕對是不夠的，那讓人意猶未盡的口感，絕對是會讓你一盤接著一盤吃下去喔！

▲「元祖燒酒蝦」在華西街已經21年歷史了。

心路歷程

「元祖燒酒蝦」在華西街夜市裡已經有二十一年的歷史了，老闆紀先生說，若說到這一家店的前身，應該可以推溯到萬華著名的「燒酒蝦大王」。原來，紀先生的姑姑就是過去「燒酒蝦大王」的負責人，後來則是因為移民才結束掉這家店的經營。也正因為有這樣一層關係在，紀先生當初才會想到要開設這家「元祖燒酒蝦」。

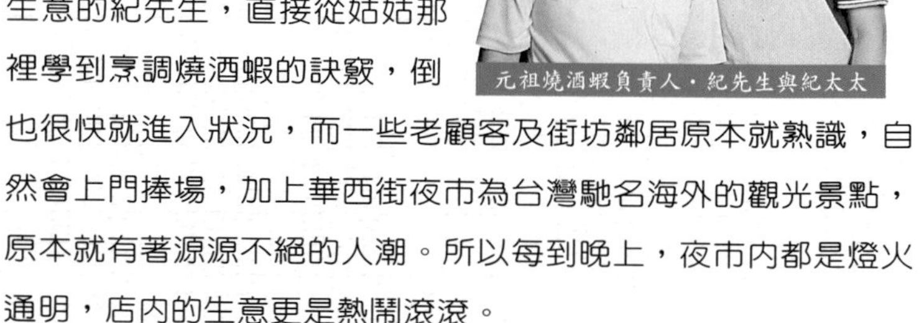

元祖燒酒蝦負責人．紀先生與紀太太

原本家中是從事米行瓦斯生意的紀先生，直接從姑姑那裡學到烹調燒酒蝦的訣竅，倒也很快就進入狀況，而一些老顧客及街坊鄰居原本就熟識，自然會上門捧場，加上華西街夜市為台灣馳名海外的觀光景點，原本就有著源源不絕的人潮。所以每到晚上，夜市內都是燈火通明，店內的生意更是熱鬧滾滾。

雖然，後來附近也有幾家同性質的現撈海鮮出現，但多少都夾雜著販賣其他食物，而堪稱蝦與蛤專賣店的，大概就首推「元祖燒酒蝦」了。紀太太表示，營業至今，店裡賣的就只有蝦和蛤兩種食物，原本從親戚那裡只有學習到處理活蝦的技巧，後來會賣起烤蛤，可還有著一段小插曲呢，原來當初紀太太一邊烤著鹽蒸蝦，一時興起便試著拿出冰箱裡的文蛤一起烤來吃，幾次下來，一些來到店裡的老顧客看到老闆娘在烤蛤，便要來了幾個嚐一嚐，

沒想到這一嚐之後，口味竟大受客人的歡迎。於是之後更有客人直接上門就點名要吃烤蛤，就在顧客的建議之下，老闆娘便從一天兩大桶開始賣起烤蛤來了，至今受歡迎的程度與招牌蝦不相上下呢！

不管是鹽蒸蝦、活跳蝦或是燒酒蝦，口味要好首重的條件就是要新鮮，所以店內使用的海沙蝦都是由南部產地直接運送上來，活蹦亂跳的放置在水族箱裡，等客人點時才現撈烹煮。而紀太太也指出，從市場中批發的蝦子鮮度不夠，即使在市場時是活的，買回家後也容易死掉，這也是為什麼許多人嘗試著自己買蝦回去製作，嚐起來的鮮度卻始終不如店裡的原因。

此外，店裡的每份燒酒蝦都會附上一小杯中藥泡酒，可以直接加入湯底或單獨飲用，有著暖身暢血氣的作用。一邊嚐著飽滿甜嫩的蝦子，再喝口湯，在天氣微涼的時刻，的確會讓人打從心底暖和起來呢！

經營狀況

【命 名】 傳承自燒酒蝦老店的創始風味。

當初會將店名取名為「元祖」，紀太太表示是取其代表著「元老」的意思，因為店裡的燒酒蝦配方是傳承自親戚經營多

年的燒酒蝦大王，加上在華西街附近，雖然有不少同性質的店家，但大多兼賣著其他食物，當初專賣蝦的店家他們應該算是唯一一家。

而至今紀先生接手經營也已經二十一年了，在萬華地區也算得上是名符其實的燒酒蝦的元老。

【地 點】 因為地緣關係，因而選擇在華西街開業。

紀先生表示會選擇在華西街開店，主要是因為地緣的關係，因為本身是道地的萬華人，一些親戚朋友也都居住在這一帶，所以打從一開始做生意就以華西街為不二選擇。

華西街由於緊鄰古蹟龍山寺，所以在早期的攤販時期，這一帶就有著絡繹不絕的人潮，不過總還是給人一種龍蛇雜處、環境髒亂的印象。到民國七十年代，政府將華西街規劃成國際級觀光夜市，將整條華西街重新鋪上石磚，街道上加蓋鋼架雨棚，兩旁轉而變成整齊有秩序的店面，並把每晚六點到十二點定為行人徒步區，限制車輛進入。

所以紀先生說現在不論晴雨，夜市內都是燈火通明，已經成為許多台北人夜生活的最佳選擇。

【租 金】 自宅省去租金費用。

目前的這個店面是紀先生從親戚手中買下的，由於是自宅，也省去了房租的開銷，大約十坪大小的空間，可以容納十來位的客人。而紀老闆也透露，在華西街附近這樣大小的空間，租金行情約六至七萬元。

食材

新鮮活蝦由南部產直接運送上來。

店內的主要食材可分為兩大項，第一項是主要的蝦及蛤生鮮產品，另一項則是中藥材。

紀太太說，烹煮燒酒蝦或烤鹽蒸蝦的程序其實相當簡單，五到六個步驟就可以完成，主要的技巧就是在火侯上的控制上，而這技巧也是需要經驗累積的，另一個重點就是在食材的選用上。

蝦蛤等海鮮要好吃，首要的條件就是要新鮮，店裡使用的海沙蝦都是由蝦場直接送來，活蹦亂跳，絕對新鮮。而以前店裡原本使用的是草蝦，由於草蝦數量少，不好繁殖，後來才改用沙蝦的改良品種海沙蝦。

紀太太也提到，許多客人都會疑惑的問他，為什麼自己從市場買回去烹煮的活蝦鮮度就是不如店裡？紀太太說，在批發市場買的蝦子，鮮度就已經不夠了，即使買回家後是活的，也容易病死，更何況是在一般市場中賣的蝦子。

此外，店裡的蛤則使用進口蛤，由於為了保持鮮度都是空運來台，價格也一般市場來得貴。

燒酒蝦的湯底則用了十多種的中藥材，而紀先生的親戚就是經營中藥批發行，所以就直接從那裡取貨。

【硬體設備】

所需設備簡單，還要準備一個水族箱放置活蝦。

經營燒酒蝦所需的生財器具方面，紀太太表示相當的簡單，主要就是用來燒烤烹煮的瓦斯爐檯，存貨的冰箱，桌椅以及一個放置活蝦的水族箱。

由於海鮮首重新鮮，通常是客人點時，就直接從水族箱裡撈活蝦烹調，所以一切的程序都是在店內完成，若再加上冷氣、電視等設施，準備個五十萬元應該就夠了。

【成本控制】

食材成本花費大，薄利多銷賺取利潤。

目前店裡最大的開銷應該就屬食材費用，而紀太太也表示做生意就是要講求真材實料，而食材這部分的支出也是最難去節省的，有些客人曾經開玩笑地向她抱怨，店裡每份烤蝦才六隻蝦，賣一百五十元實在太貴了，去一般市場上購買，一斤也才一百多元，紀太太說這些客人可不知道店裡從蝦場的進貨價格是每斤二到三百元間，一分錢一分貨，食材的好壞是直接反映在價格上的。而蛤的部分，由於是空運進口，價錢也不便宜，每斤也要一百多元。

這幾年受到不景氣的影響，不僅來逛夜市的人潮較往年來得少，店裡的生意也從過去平均每天至少可以賣上四、五十斤蝦，到現在則平均每天進大約十多斤的蝦。紀太太也提到過去店裡生意好時還曾經一天賣到一百多斤蝦呢！

目前店裡在人手方面，主要就是紀先生夫妻倆在經營，由於是現煮現烤的食物，爐架就這麼大小，請太多人手也沒有用，還是以薄利多銷的方式在經營。

【口味特色】 燒酒蝦和烤蛤為店裡二大熱門食物。

打著燒酒蝦的招牌，店內首推的人氣產品非那肥嫩多汁，帶著淡淡酒香的燒酒蝦莫屬了。

紀老闆的烹調手法雖然是傳承自親戚那裡，但他有鑒於過去是以藥材湯底和蝦子整大鍋下去烹煮，有時酒味太重，無法符合每個人的口味，於是他想到要加以改良，便改以每次一小鍋一人份的份量下去烹煮，雖然多了一、二道手續，但是客人就可以依自己的喜好跟老闆斟酌酒的份量。

燒酒蝦要好吃，除了蝦本身要新鮮之外，湯頭也是關鍵之一。老闆娘表示店內的湯底使用了當歸、川芎、枸杞、桂枝、甘草、熟地等十種藥材，並加入米酒以及鮮蝦下去調配。所以光是喝湯就嚐得出蝦子清甜的鮮味，而藥材的比例也會依季節稍做調整，所以這也是一道四季皆宜的補品。

▲鹽蒸蝦的蝦肉結實，肉質甜美，可以擠上幾滴檸檬汁或沾胡椒粉食用。

老闆娘也透露烹調燒酒蝦湯頭的小技巧，原來燒酒蝦的湯頭並不需要像燉品一樣大費周章的熬上數小時，只要大致的將中藥味引出來就好了，熬太久反而會讓湯頭口感苦澀，

而且還會蓋過原本蝦的甜味喔。

此外，店裡的另一項招牌產品就是烤蛤了，當初老闆娘在客人的建議之下開始賣起烤蛤，老闆娘說從小小的文蛤到現在的進口蛤，她都試著烤過，烤蛤的技術是很難拿捏的。首先呢，要在蛤殼上抹鹽巴，火候方面要以小火烹烤，肉質才會甜Q，過一會兒後，蛤會慢慢滴水，這是腮水慢慢流出的正常現象，而等到蛤殼上的鹽巴慢慢乾了，就表示裡面已經熟了，這時你才可以嚐到一顆顆鮮美多汁的烤蛤。

▲一顆顆碩大的烤蛤，鮮美又多汁。

而除了燒酒蝦之外，店內的活蝦還有鹽蒸蝦、烤蝦、活跳蝦、黑棗蝦等選擇，鮮嫩的蝦肉可以選擇滴上幾滴檸檬汁或沾胡椒鹽等調味料一起食用。

【客層調查】在觀光客中仍以亞洲人居多。

華西街為台灣第一條國際級的觀光夜市，這裡的外國觀光客之多，還真是為其他夜市少見的現象呢，但是據老闆娘的觀察，會進到店裡吃活蝦的人，還是以台灣本地人或香港、日本等亞洲人居多。

除了觀光客之外，來到店裡消費的客人，大部份還是以老主顧為主。由於紀老闆是萬華在地人，在這兒經營燒酒蝦又二十多年了，有一些原本住在附近的顧客，當初一個人移民到國外，十幾年後回到台灣，已經是帶著全家大小來到店裡重溫「元祖燒酒蝦」的滋味。

而老闆娘也提到，喜歡燒酒蝦的人是不分年齡性別的，男女老少皆有，曾經還有一個二十多歲的年輕人，在店裡一吃就吃了二十幾盤的蝦子呢。

【未來計畫】 努力維持店裡建立不易的口碑。

大約在十幾年前，紀老闆曾經在林森北路一帶開設過分店，那時候主要是考量到林森北路過夜生活的人多，加上時常有一些日本觀光客，之後則因為房租的問題而收掉。

對於是否有再開分店或開放加盟的打算，老闆娘則表示一家店的經營及口碑建立都相當不容易，一旦加盟店或分店的品質管理不好，就會連帶影響到本店的口碑，尤其是這種蝦蛤的專門店，賣的就是那幾樣產品，客人只要吃到一次口味變差了，就很難會再次上門光顧了。

所以目前還是以華西街店面為主，穩紮穩打的經營下去。

成功有撇步

老闆娘表示經營小吃這一行的確是相當辛苦，光是站在熱騰騰的爐檯前，一天就不知道要站上幾個小時。不過，相對地看著店內滿滿的客人，辛苦的感覺也就減去一半了，如果有些顧客會再貼心地稱讚幾句食物好吃，自己也就心滿意足了。做生意就是這樣有甘也有苦，有付出也有獲得。

項　　目	說　明	備　　註
創業年數	21年	
坪數	約10坪	
創業基金	約50萬元	
租金	自宅	以10坪大小計算，附近租金行情約每月6到7萬元
人手數目	2人	
座位數	約15人	
每日營業時數	7小時	
每月營業天數	約30天	
公休日	無	
平均每日來客數	約120人	約略估計，活蝦約可賣出50多盤，烤蛤另計
平均每日營業額	約18,000元	
平均每日進貨成本	約5,000元	
平均每日淨利	約13,000元	
平均每月來客數	3,600人	
平均每月營業額	約540,000元	
平均每月進貨成本	約150,000元	
平均每月淨利	約390,000元	

※ **以上營業數據由店家提供，經專家估算後整理而成。**

燒酒蝦

材料說明

燒酒蝦　湯底用了當歸、川芎、枸杞、桂枝、甘草、熟地等藥材，加入米酒以及鮮蝦下去調配；蝦子是使用海沙蝦。店裡每份產品的份量是六隻蝦。

▲燒酒蝦的湯頭使用了當歸、川芎、枸杞、桂枝、甘草、熟地等十種藥材，並加入米酒以及鮮蝦燉熬而成。

項　目	所需份量	價　格	備　註
活蝦	適量	約200元/斤	依市價調整
米酒	適量	120元/瓶	
當歸	適量	約150元/斤	
川芎	適量	約80元/斤	
枸杞	適量	約80元/斤	
桂枝	適量	約100/斤	
甘草	適量	約80元/斤	
熟地	適量	約100元/斤	

※ 中藥價格依等級種類有所不同，不時隨市價調漲，以上價錢供參考。

製作方式

1. 前製處理

先熬製湯底，使用當歸、川芎、枸杞、桂枝、甘草、熟地等藥材下去調配。

2. 製作步驟

1. 將已經熬好的中藥湯底舀適量到鍋中，並以小火加熱。

2. 從水族箱裡撈起幾尾活蝦。

3. 等湯底滾開後，將蝦子直接放入鍋中。

4. 待蝦子變為紅色之後即可熄火。

5. 將煮好的燒酒蝦裝入碗中。

【獨家秘方】

選擇新鮮的活蝦以及火侯上的控制，都是烹調時的重點。

6. 燒酒蝦成品。

進補小常識

燒酒蝦具有補氣血健胃的功效，使用的米酒可以去風寒、促進血液循環，而湯頭的藥材中當歸具有補血潤腸胃的功用，裡頭還含有多醣類成分，能增加免疫力，川芎能夠活血、潤澤養肝，甘草則具有潤肺補氣、保健脾胃的功能。

DIY小技巧

藥材可使用當歸、黃耆、桂枝、枸杞等，

市面上也有販賣現成藥包，做法是水滾後，加入酒、藥材，用小火再煮十分鐘後，再加入蝦，等蝦變紅色即可熄火。

【美味見證】

這裡的招牌燒酒蝦，不僅湯頭清甜爽口，每隻蝦子吃起來都鮮嫩味美，又兼具補身的功能，不管是活蝦或烤蛤，讓人吃了都意猶未盡。

王先生 28歲 自由業

四季補藥燉排骨

細熬慢燉的湯頭，
呈現出香而不膩的口感，
啃來有勁的排骨，
讓人暖意上升通體舒暢！

美味評比：★★★★★	人氣評比：★★★★★	服務評比：★★★★★	便宜評比：★★★
食材評比：★★★★★	地點評比：★★★★★	名氣評比：★★★★★	衛生評比：★★★★★

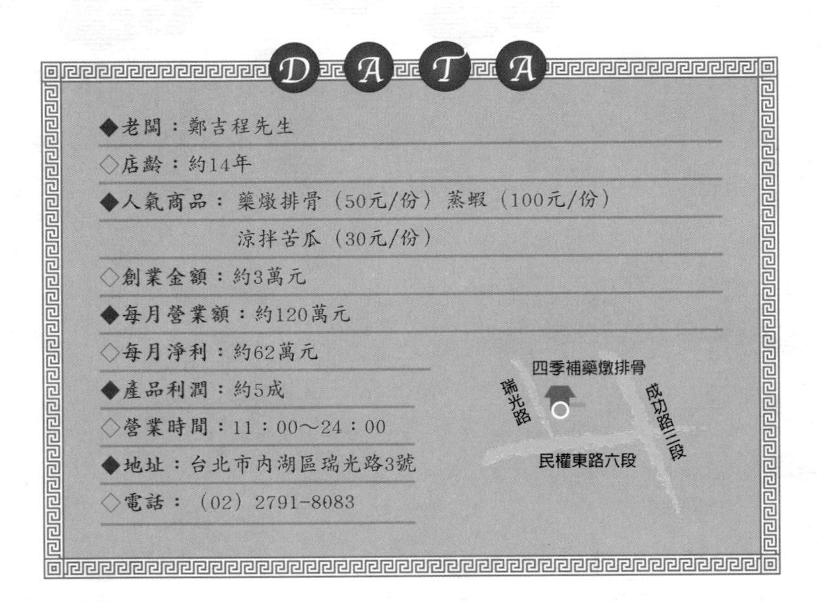

DATA

◆老闆：鄭吉程先生

◇店齡：約14年

◆人氣商品：藥燉排骨（50元/份）蒸蝦（100元/份）
涼拌苦瓜（30元/份）

◇創業金額：約3萬元

◆每月營業額：約120萬元

◇每月淨利：約62萬元

◆產品利潤：約5成

◇營業時間：11：00～24：00

◆地址：台北市內湖區瑞光路3號

◇電話：（02）2791-8083

記得，過去每次和死黨到了饒河街，總是會先穿過層層的人群直達藥燉排骨的攤位，看到整碗滿滿的排骨，空氣中還漂著陣陣誘人的香味，當場食慾就被挑撥了起來，於是二話不說兩人一屁股坐下來，各點了一碗大口吃了起來。一塊塊紮實的排骨，啃起來可是相當帶勁，咻的一聲，再吸上一根根大骨，骨髓甜美的滋味全入口中，吃完一碗藥燉排骨之後，才發現吸啃扭挖的動作，全都給用上了呢！

或許之於我，一提到藥燉排骨，腦海中就會浮現饒河街的影像。但對於許多居住在內湖地區的民眾而言，一提到了藥燉排骨，他們第一個想到

▲「四季補藥燉排骨」在內湖地區享有盛名，許多明星都曾經前來光顧。

的不是饒河街，也非士林，而是在內湖地區紮紮實實經營了十四年的「四季補藥燉排骨」。據說，現在許多內湖園區裡的科技新貴，都已經吃上癮了，每天都會去店裡報到！

心路歷程

民國七十七年時，剛從部隊退伍的鄭老闆，並沒有經過太多的考慮及掙扎，在找到了適當的地點之後，便毅然決然的展開了他的路邊攤生涯。而在經歷了二年的擺攤生活後，他便在內湖地區開設了一家藥燉排骨專賣店。

「店裡的藥燉排骨會依季節來更換湯頭的藥材，所以即使夏天來吃，也不會覺得太燥熱，而特製的排骨沾醬，也是本店的一大特色，你可以選擇香辣有勁的辣椒醬或是酸辣的豆瓣醬來搭配。」

「四季補藥燉排骨」的老闆．鄭吉程

當初鄭老闆的舅舅就是在台北地區經營著藥燉排骨的小吃攤生意，每到冬天，一台小小的攤車前，總是坐滿了人，不論男女老少都低著頭吸吸窣窣的大啃排骨，一旁還排滿了等待購買的顧客呢，鄭老闆在當時看到了這種盛況，心中便打定了主意，在一退伍之後就投身經營路邊攤小吃。

當然，在開業之前，鄭老闆也先去跟自己的舅舅學習了幾個月，在習得烹調湯頭的秘方及經營路邊攤的技巧之後，他便開始著手準備器材，最初為了節省成本，一切設備從簡，使用的攤車是從台北中正橋下購得的二手貨，而一些瑣碎的器材還是朋友們東湊西湊送來的。

而當時會選擇在民權東路六段一帶擺攤，則是鄭老闆看準了這個地點位在交流道口附近，可以吸引一些過往人潮，同時又鄰近住宅區，擁有潛在的消費族群。

至於開業之後生意如何？鄭老闆打趣的說：「當初也沒料想到原來台北有這麼多人喜歡吃排骨！」原來自打開業以來，鄭老闆攤子上的生意就相當熱絡，雖然當時只簡單賣著藥燉排骨及藥酒二項產品，仍是吸引了一大群顧客前來光顧，有些人是因為路過附近聞香而來，有些人則是特地前來補補身，像是開車經過的計程車運將就是鄭老闆攤子上的常客。

生意好固然值得高興，但也讓鄭老闆體會到經營路邊攤的辛苦，擺攤子得看天吃飯不說，加上不時就要面臨警察的取締，有時一天下來收到二、三張罰單，也是常有的事。不過辛苦歸辛苦，他還是表示經營路邊攤利潤的確是挺不錯的。

之後由於警察取締的關係，鄭老闆在民國七十九年時。結束了為期二年的路邊攤生涯，搬進現在位於內湖瑞光路上的店面，雖然換了地點，一些老顧客仍舊捧場，而許多名人曾經前來光顧。

經營狀況

【命名】

夏天涼補，冬天熱補，依季節更替藥材，四季品嚐皆適宜。

在經營路邊攤時期，賴老闆並沒有為自己的攤子命名，而是搬到店面之後，才將取店名為「四季補藥燉排骨」。當初之

所以稱為「四季補」，鄭老闆表示，主要是店裡的藥材會依季節不同來更換，夏天是清爽的涼補，冬天則是暖身的熱補，只是單純的點出店裡的藥膳排骨是一年四季皆適宜，而且口味吃起來都一樣美味喔！

【地　點】

內湖新興區沿著交流道一帶，興建了不少大型的辦公大樓，具有人潮潛力。

最初，鄭老闆的攤位是位在內湖民權東路六段附近，而目前店面則是位在內湖瑞光路與民權東路六段交叉口處。當初在選擇開設店面的地點時，鄭老闆還是以內湖地區為首選，一方面是已經熟悉這一區域的環境，另一方面就是考量到已經累積二年的消費群，幸好前後兩個地點的距離相隔不遠，大多數的顧客都知道賴老闆換了地方繼續營業。

搬進現在的店面之後，由於少了警察的取締，營業時間延長，客層更容易拓展開來，所以生意也進入了穩定的經營階段。

而原本內湖瑞光路附近還是以住家為主，但是近幾年來，沿著交流道一帶，興建了不少大型的辦公大樓，許多公司紛紛進駐其中，也帶動了可觀的人潮。

【租　金】

善於利用空間，增加店面坪數。

目前這個店面約三十多坪，每個月的租金是八萬元，由於是橫長形的空間，所以店面看起來比實際坪數要來得大些，善於利用空間的鄭老闆，將攤車往外置放，又在騎樓下加了幾張桌子，店裡可以容納的客人數相對增加不少。

食材　排骨及中藥材為二大支出。

藥燉排骨所著重的食材主要就是藥湯和排骨了。店裡藥燉排骨的湯底，使用了十多種中藥材，過去鄭老闆都是前去迪化街一帶挑藥材，後來則是直接去熟識的貿易商那裡取貨。

而店裡所使用的排骨都是從工廠直接進貨的冷凍豬肉，由於與工廠之間已經合作多年，品質上比較有保證。店裡的藥膳排骨通常都夾雜著排骨及豬肋骨二部分，鄭老闆表示豬肋骨除了用來提煉湯頭之外，因為每個人口味不同，有人喜歡大啃排骨，有些人則是喜歡吸骨髓，所以每碗藥膳排骨裡都會夾雜著一些豬肋骨。

除了藥燉排骨之外，店裡也提供一些小菜，像是涼拌苦瓜、皮蛋豆腐、生魚片等，這些食材都是去附近的菜市場選購的。

【硬體設備】　路邊攤時期，一台攤車打天下。

鄭老闆表示經營藥膳排骨的路邊攤生意，所需用到的器具相當簡單，購買一台攤車就足夠了。當初，他在經營路邊攤時，就是在台北中正橋下選購便宜的二手攤車，其它一些瑣碎的器材則大多是朋友送的。而現在一台攤車從幾千元到幾萬塊

都有，還是要視個人的需求選購，不過若是要以路邊攤的形式經營，在生財器具上的花費頂多準備個二到三萬就差不多了。

而鄭老闆也表示在搬進店面之後，店裡的一些硬體設備都是慢慢添購的，除了簡單的桌椅、裝潢、放置在門口的二台攤車之外，置放食材的冷凍櫃也不可或缺，由於賣的食物種類變多了，也增加放置小菜的冰櫥設備。

鄭老闆也建議大家如果做的是小本生意，在硬體設備方面不需太過講究，能節省就不要太鋪張。

【成本控制】 食材複雜化，成本難掌控。

在成本控制方面，鄭老闆表示以投資報酬率來看，店面經營的利潤真的不比路邊攤的時期，雖然經營路邊攤生意，工作時數長，又得看天吃飯，要付出相當大的體力及耐力，但是省去了房租的支出，所得的利潤上比店面經營好上許多，而且賣的東西簡單，成本容易掌控。

在搬進店面之後，除了支付租金的費用外，還增加了人事的開銷。鄭老闆保守的估計店裡的利潤頂多五成，不過他表示成本都是反映食材的品質，做生意是各憑良心的，如果選用的食材差一點，相對成本就降低，而利潤也就不只五成了。

原本路邊攤時期一碗三十元的藥燉排骨，在搬進店面後則因應成本調漲為五十元，同時也藉由提供一些小菜品項來增加利潤，不過食物複雜化，食材的成本相對較難拿捏。

目前，店裡共請了八位工作人員來負責店內的工作，由於店裡營業時間長，分成早晚二班制，每個月在人事方面的開銷，約在二十到三十萬元間。

【口味特色】 湯頭及佐料，為店內產品二大特色。

吃藥燉排骨，湯頭是第一要素。鄭老闆烹調藥燉排骨的秘方是跟自己的舅舅學來的，使用枸杞、黨參、黃耆、杜仲、川芎、當歸、肉桂、黑棗、桂枝等十幾種中藥材，以小火煉製十二個鐘頭，要讓藥味精華完全煉入湯中，再將藥材取出，才算是大功告成。熬製出來的湯頭喝起來香而不膩，而且還具補氣養血、健骨去寒的功效。

而沾排骨的佐料也算是藥燉排骨一大特色，一般市面上最常看到的是黃色類似豆辦醬的沾料，而店裡則是提供了辣油醬及豆瓣醬二種佐料選擇，常見的黃色醬料是以豆腐乳加上豆辦醬等配料，用果汁機打製而成，而另一種辣油醬，則是使用來自彰化西湖的辣椒，搭配上蒜、蔥等配料做成的。

鄭老闆透露，沾排骨的佐料可是大有學問，一般常見以豆辦調製而成的醬料，口味較重，其實是會搶了排骨原本的味道，而辣油醬則是香辣，但不至於蓋過排骨原本的風味。店內同時提供了二種醬料，就讓客人依個人的口味喜好來選擇了。

一直以來，店裡就是以藥燉排骨這項食物為招牌，在口味上鄭老闆絕對是有自信的，但若說要和別家藥燉排骨店有什麼比較的話，鄭老闆只是謙虛的表示，每家口味各有特色，吃的這東西很難用言傳，只能憑每個人的感覺囉！

【客層調查】

客層廣，就連恆述法師也曾前來大啃排骨。

根據鄭老闆的觀察，店裡的客源層面相當廣，除了一些老顧客及附近的居民之外，可能是地點位在交流道口附近，許多路過這一帶的人，都會順道下車吃上一碗，所以過路客也蠻多的。

而鄰近內湖新興的科技園區，在附近上班的科技新貴也成為店內的另一大客源，所以每到用餐時間，店裡是一位難求。

除此之外，不知道是不是住在內湖地區的明星特別多，許多明星也都曾經來店裡用餐，像是高凌風、徐乃麟、吳宗憲、葉全真等，不勝枚舉，而其中一位最令鄭老闆印象深刻的名人，當屬那時候已經出家的恆述法師了！

【未來計畫】

做生意相當辛苦，短期內不會計劃開設分店。

目前店裡的生意已經有不錯的基礎，所以鄭老闆並不排斥未來開設分店或是開放加盟，但他也表示，這些事情都是必需要長期規劃，所以在短期之內應該是還不會有所行動。

而他也提到做生意是相當辛苦的，要有過人的體力與耐力，雖然僱請了工作人員幫忙，也不能完全放手店內的生意，所以開設分店，勢必也會造成自己工作量的加重，而若開放加盟，又會擔心食物品質的問題。

這的確也是許多老闆卡在是否要開設分店時，首先考慮到的問題。

項目	說明	備註
創業年數	14年	民國77年開始經營路邊攤，民國79年才搬到現在的店面
創業基金	約30,000元	
坪數	約30坪	
租金	約80,000元	
人手數目	8人	分二班制，薪資成本每月約20萬。
每日營業時數	約13小時	
每月營業天數	約30天	
公休日	無	
平均每日來客數	約500~800碗	保守估計，冬天時人數應該會更多
平均每日營業額	約40,000元	
平均每日進貨成本	約10,000元	
平均每日淨利	約20,000元	
平均每月來客數	約24,000人	
平均每月營業額	約1,200,000元	
平均每月進貨成本	約300,000元	
平均每月淨利	約620,000元	

※ **以上營業數據由店家提供，經專家估算後整理而成。**

成功有撇步

問到鄭老闆有沒有什麼建議，可以給想進入小吃這一行的朋友們做參考呢？他打趣的說：「自己做太辛苦了，還是開店之後請人家來做好了！」這當然只他是開玩笑的說法，事實上現在店內從大到燉藥小到醬料的調製，鄭老闆還是不假他人之手，一切自己來，而他也以自己從南部上來台北打拼的經驗，告訴大家：「只要認真做事，一定會出頭天！」

進補小常識

藥燉排骨能促進血液循環、治療筋骨痠痛、化瘀、四肢痠痛等症狀。而排骨中含有豐富的蛋白質，適量食用可以滋潤腸胃、光澤皮膚，骨頭裡的骨髓則可以補充鈣、磷及鐵攝取，達到強健筋骨、滋陰養血的功效。

藥燉排骨中所使用到的多種中藥也各具功效，像是當歸可以補血活氣，黃耆可補氣升陽，熟地可補血調經，枸杞可滋補肝腎等，而藥燉排骨更是俗稱的「轉骨湯」，所以男孩吃了可以幫助長高，女孩吃了有助於造血功能、調節內分泌。由於營養豐富，烹煮簡易，一年四季都可食用，而成為一般人最常在家中烹調的藥膳之一，如果是怕胖的人，在挑選排骨時可以挑瘦一點的，同時也可以避免燉煮出來的湯頭太過油膩。

【做·法·大·公·開】

藥燉排骨

材料說明

藥燉排骨　湯頭使用枸杞、黨參、黃耆、杜仲、川芎、當歸、肉桂、黑棗、桂枝等中藥材，以小火煉製十二個鐘頭；排骨使用排骨及豬肋骨，是從工廠直接進貨的冷凍豬肉；醬料有二種，分別用豆腐乳加上豆瓣醬，用果汁機攪打而成，另一則是以辣椒加上醋、蒜、蔥等調製而成。

▲熬煉湯底所使用到的中藥材有:香料包、枸杞、黨參、黃耆、杜仲、川芎、當歸、肉桂、黑棗、桂枝等。

以下提供大致藥材價格供參考：

項　目	所需份量	價　格	備　註
排骨及大骨	適量	約30元/斤	店裡的排骨由冷凍工廠中直接送來，一般市場上販售的價格較貴
枸杞	適量	約100元/斤	
黨參	適量	約150元/斤	
杜仲	適量	約200元/斤	
黃耆	適量	約160元/斤	
當歸	適量	約150元/斤	
黑棗	適量	約120元/斤	

※ 中藥價格依等級種類有所不同，不時隨市價調漲，以上價錢供參考。

製作方式

1. 前製處理

將排骨放入熱水中川燙後立即撈起備用。

2. 製作步驟

1. 先在大鍋裡注入適量清水，待水煮滾後，加入香料包。

2. 在大鍋中加入黃耆。

3. 在大鍋中加入黨參。

4. 在大鍋中加入當歸，陸續將十多種中藥材加入。以小火熬煉12個小時，讓藥味的精華煉入湯汁內。

5. 將熬製完成的湯藥倒入鍋中，藥材則丟棄不用，所有的藥材僅能使用一次。

6. 將川燙過後的排骨及大骨，放進鍋中熬煮

7. 再注入適量的清水至鍋中八分滿。

8. 等待排骨滾熟入味的期間，不時攪動鍋內湯底，讓雜質浮出表面。

【獨家秘方】

湯頭中使用了十多種中藥材下去熬煉，是鄭老闆不能外傳的獨家秘方，而店裡特製的二種佐料，也是讓排骨嚐起來味美的關鍵之一。

9. 等到排骨熟了之後，過濾掉湯頭中的雜質，即可盛裝至碗中。

10. 藥燉排骨成品。

DIY小技巧

先將排骨洗淨後，先用滾水川燙，撈起瀝乾備用。

將川燙好的排骨以及藥材（一般加入枸杞、黃耆、川芎、當歸、桂枝即可）放入鍋中，加入適量清水，待水煮滾後轉成小火慢燉30分鐘即可。

【美味見證】

由於家裡住在附近，每次只要經過這一帶，就會被店裡的藥燉排骨香味引誘進來，即使在炎熱的夏天，也時常來店裡大啃排骨。

馮小姐 24歲 上班族

有緣養生五行補益餐坊
有緣養生　四時補益
五行調和　食來運轉
美味評比：★★★★★
人氣評比：★★★
服務評比：★★★★★
便宜評比：★★★★
食材評比：★★★★
地點評比：★★★
名氣評比：★★★
衛生評比：★★★★★

◆老闆：林姜先生

◇店齡：約4年

◆人氣商品：雙果人蔘雞（180元/份）、杜仲黑豆雞（180元/份）

◇創業基金：約80萬元

◆每月營業額：約52萬元

◇每月淨利：約31萬元

◆產品利潤：約6成

◇營業時間：11：00～21：00

◆地址：台北市錦州街331號

◇電話：（02）2502-3125

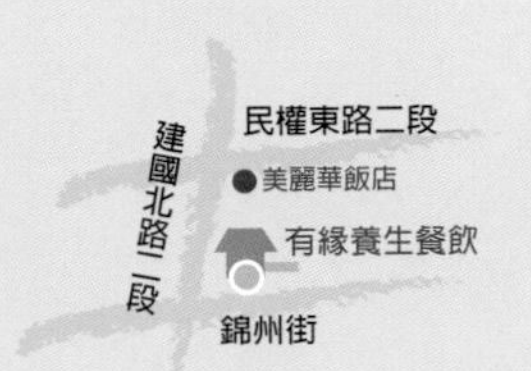

五行就是金、木、水、火、土，在身體結構中金屬肺，木屬肝，水屬腎，火屬心，土屬脾胃，只要五行均衡，身體自然健康無病，若其中有一種太弱，身體便會失去平衡而罹患疾病。

「有緣養生五行補益餐坊」的林老闆便是以此為概念，依據四時節氣，設計出春天養肝，夏天養心，秋收養肺，冬藏養腎的養生食膳，到現在已經推出超過二百種的養生食膳。

由於林老闆本身經研命理五行，所以來到店裡，在品嚐美食之外，還可以順便向林老闆請教一些命理問題喔。

▲店面位於錦州街上。

心路歷程

不知是否受到這波不景氣的影響，近來電視上各種談論星座、命理的節目大行其道，許多專家在節目中紛紛教導人家如何開運的妙招，但若是論到將命理五行與藥膳餐飲結合，倒應該是頭一遭聽到吧！

「有緣養生五行補益餐坊」的老闆林先生，研究武術命理已有十多年的時間。之前，林先生便曾在許多電台中講述開運及命理的資訊，尚未開店時的他對於吃的領域是完全外行，會轉而將命理結合餐飲，主要是因為他當初萌生了一個想法：與其為人解說命理或教導別人如何改運，都是屬於學理上的思考，不如用一個更實際的作法，將五行補益的觀念融入日常飲食當中，不僅能讓身體獲得健康，也可以讓人生的運程順利開展。

「店裡至今推出過二百多種養生藥膳套餐，每種藥膳都是根據時節所設計，可以對個人的身體達到最大的助益。」

老闆・林先生

一向屬於實務派的他，基於這樣的想法下，便開始著手籌畫相關的事宜。

對於餐飲業是全然陌生的林先生，最初在經營時也是經過一段很長的摸索期，雖然對於五行概念相當熟稔，但在食物的烹調及掌控上，卻是一竅不通，就靠著自己鑽研以及嫻熟經絡學及中藥藥理的林太太在一旁協助之下，店裡慢慢有了成績，經營至今快四年的光景，已有二家加盟點的設立。

但回想起剛開始營業的第一年，林太太則表示相當的辛苦，未曾接觸過餐飲業的兩人，擔心成本及利潤拿捏不準，一手包辦起店內所有事務，由於是強調依四時節氣及個人八字進行食補，店裡提供的餐飲種類之多。著實是忙壞兩人了，而為了招徠客人，還會不定期舉辦命理講座。

最初，來到店裡的客人有許多人都是過去林先生從事命理解說時的老顧客。而隨著附近客人的不斷增加，林先生也推陳出新地研究各式菜色，至今已經推出過二百多種菜色了。而許多顧客也都非常信任林老闆，一進店裡根本不看菜單，直接就請他推薦適合菜色。

經營狀況

【命 名】 代表和顧客之間的關係也是一種緣分。

研究命理多年的林先生，在取店名時也是抱持著一個隨緣的態度，認為會進來到店裡用餐的客人，彼此之間也是有著緣分在，所以便以「有緣」二字來命名，而「養生五行補益餐坊」則是直接點出了店裡的特色。所謂的養生餐廳，一般人從字面上，大都還能猜出裡頭賣的食物不外乎是強調食補或是有機的健康概念，而強調五行補益的餐廳，就讓許多上門的顧客不太了解，所以林先生不時也得回答客人們的疑問，店裡也特地印製五行補益的相關概念文字，供客人索取。

【地　點】

靠近建國北路及民權東路，辦公公樓林立。

當初林先生有了開店的想法之後，就在一些朋友的熱心介紹之下，找到現在這個位於錦州街的店面，由於接近建國北路、民權東路，附近辦公大樓林立，林先生也覺得這裡應該是做生意的不錯地點，所以沒經過多久的考慮就承租下來，而之後果然店裡的客層還是以附近的上班族為大宗。

【租　金】

三十坪空間，租金每月四萬五千元。

目前店面的空間約三十坪左右，租金是每月四萬五千元。而錦州街雖然是位在台北市區，附近的商店及餐廳也不少，但屬性上還是與一般位於夜市、鬧區的地段有所不同，一般在夜市或鬧區，即使入夜後仍是相當的熱鬧，人潮不斷，而林先生指出這一帶還是以辦公大樓或住家為主，大多時間做的就是上班族的生意，除了一些攤子之外，很少會做到宵夜的形式。所以，這也是想在這兒附近開店的人，要注意到的地方。

【硬體設備】

以套餐形式供應，大型蒸箱不可少。

除了一些冷氣裝潢等設備，廚房裡的設備扣除一些必備的瓦斯廚檯之外，還有一個大型的高壓蒸箱。

食材　食材多樣，每日新鮮採買。

店内所需的大批中藥材都是林先生到貿易商那裡直接選貨的，據林先生的說法，貿易商那裡的貨源固定，品質也比較有保障，而且店内所需用到的中藥材種類相當多，所以直接前去選購也省掉不少麻煩。

▲對於店内所使用的藥材，老闆一定是經過百般的研究，讓每一樣藥材的功能都可以發揮到極致。

而生鮮時蔬則在濱江市場或附近的市場採買，由於店内的燉品都是每天一大早限量製作，林老闆會大致上拿捏個數量，一些熟客或是外訂的客人，都會採取事前預約的方式。

林太太表示，店裡的藥膳種類多，而且是以套餐的形式供應，所以不像一般藥膳店家是將料和湯底一起用大鍋燉熬的方式處理，而是將湯底和料分開處理，先將各種中藥湯底以砂鍋燉熬提煉，再和食料一起分裝成一盅的形式，置於大型蒸箱中，待客人點餐時再拿出來調味。林太太也表示每個客人的口味都不同，有的人喜歡味道重一點，有些則偏好清淡的口味，所以這樣的處理

▲將湯底和料分開處理與食材一起分裝成一盅的形式，置於大型蒸箱中，待客人點餐時再拿出來調味，因此蒸籠是不可少的硬體設備。

方式是最方便的，而這樣一個大型蒸箱大約一萬多元至二萬元間，在環河南路附近的器材行中都可以選購的到。

【成本控制】 人事方面聘請2位人員幫忙加盟點教學。

從一開始夫妻倆一同打拼，到現在已經開始經營起加盟事業，林先生提到剛開始經營時，全憑著一股傻勁在做事，完全沒有什麼成本利潤的概念，在食材的花費上更是不計成本，前幾個月幾乎都在賠錢，而在累積了固定客源之後，營收狀況才漸漸穩定。目前除了夫妻二人，還請了二位工作人員幫忙，主要在負責加盟點的教學。

▲「有緣養生五行補益餐坊」的老闆林先生及林太太，精通命理五行及藥膳料理。

當初會有加盟點的設立，主要是因為剛好有一位經營餐廳的朋友想要轉換型態，看到林老闆店內生意好像不錯，才想到可以彼此合作。

林老闆表示，目前加盟金是五萬元，店內提供二百多種的菜單選擇以及簡單的烹調技巧，不過主要的藥汁則是另外計費，加盟金不高，加盟者只需要簡單的烹飪技巧，不必在菜色上多煩心。

【口味特色】 依四時節氣設計不同的菜單，可見老闆用心的地方。

開業至今四年多，林老闆已經推出過二百多種的菜色，最初店裡強調的是依四時節氣不同，設計出春生養肝、夏長養

▲ 杜仲黑豆雞(上)與枸尾銀杏雞(下) 藥膳套餐皆為180元。

心、秋收養肺、冬藏養腎的菜色，不只考慮到食材性質，也兼顧到五味的配合。

據林老闆的說法，食膳養生必須符合人體的需要，在平常的飲食不斷攝取所需的營養，如此不僅能提升免疫力，也能達到延年益壽的效果。目前店裡的菜單平均維持著二十種菜色，不時輪流更替，如果有客人特別喜歡某項菜色，也可以事前先來電預約。提到店裡的招牌項目，由於菜色種類之多，林老闆也很難推舉出，不過他也表示只要店內一推出新菜色，顧客們總是會相當捧場嘗試看看。

既然是強調養生，店裡提供的套餐，不僅燉品具滋補功效，連飯及小菜都是搭配中藥烹調。例如飯便以何首烏藥汁下去燉煮的何首烏飯，而廣受顧客歡迎的十全大補蛋，製作上更是費時費工，先將蛋煮熟待涼了之後，再放入藥汁裡，一共要花上二天的時間熬煮。而養生茶則以黨參、當歸、枸杞、紅棗、黃耆下去熬煮，清甜的滋味，完全喝不出中藥味。

【客層調查】

上班族為主力客群，也有許多是經由媒體介紹慕名而來的。

平常來店裡消費的客人還是以上班族為主。每到中午時

段，店裡約三十席的座位，幾乎都是座無虛席，由於每種菜色都是當日限量製作，如果晚點到的客人經常會向隅，所以林先生通常都建議客人們先打個電話預約，如果是多人的同事聚餐或是特殊藥材的高級藥膳套餐，都是必須前一天來電預約。

▲北耆黃精雞(上)與艾草雞(下)。

而過了用餐的巔峰時段，下午二點之後則經常有許多林老闆的老顧客上門請教一些命理的問題。

此外，經由Taipei Walker、TVBS雜誌等媒體的報導之下，也吸引了一些專門前來一探究竟的客人。

【未來計畫】 希望朝個人化的精緻藥膳料理邁進。

未來，林先生也計畫藉由加盟點的設立，繼續推廣五行補益的觀念，而對於自己店裡的經營，他則希望能朝精緻的方向邁進，像是依照顧客的個人體質來製作高級的藥膳料理，或是也可以以預約方式來製作藥膳合菜筵席，目前林先生已經將店裡一部分的座位改成大圓桌形式，以因應未來可能實行的合菜藥膳料理。

開業數據大公開

項　　目	說　明	備　　註
創業年數	4年	
創業基金	50萬	
坪數	約30坪	
租金	45,000元	
人手數目	約4人	
每日營業時數	約10小時	
每月營業天數	約26天	
公休日	每星期日公休	若有預約則照常營業
平均每日來客數	約110人	以套餐形式供應，每份套餐皆為180元
平均每日營業額	約20,000元	
平均每日進貨成本	約5,000元	
平均每日淨利	約12,000元	
平均每月來客數	2,860人	
平均每月營業額	約520,000元	
平均每月進貨成本	約130,000元	
平均每月淨利	約310,000元	

※ **以上營業數據由店家提供，經專家估算後整理而成。**

成功有撇步

當初，林先生憑著一股衝勁就投身到養身藥膳這個領域，幾年下來，他當時創業的熱情依舊不減，相信只要確立了方向用心經營，應該就能獲得不錯的成績。

同時，也必須要抓緊時代的脈動，了解現在消費者到底需要什麼，才能比別人提前一步贏得先機，做生意雖然守成不易，但更得勇於創新，精益求精，而培養與顧客間的信任感，更是能自己生意永續經營下去。

進補小常識

天仙果具有祛風活血、治風濕及白帶、下消、止咳，祛風利濕，清熱解毒的功用，可以用來治療月經不順，產後或病後虛弱，咳嗽，風濕痺痛，慢性肝炎，泌尿系感染等症狀。羅漢果則有止咳平喘、潤腸通便的功能，用來治療肺熱咳嗽、百日咳等症狀，而對於腸熱便秘者，也具有潤腸通便之效。

雙果人蔘雞

材料說明

雙果人蔘雞　所使用的藥材有紅棗、人蔘果、羅漢果及天仙果，湯頭是以羅漢果及天仙果二種藥材，熬煮8個小時而成；雞肉自一般市場購買即可，先行川燙。

項　目	所需份量	價　格	備　　註
雞肉	適量	約40元/斤	依市價
羅漢果	適量	約10元/顆	購自一般中藥店，大量批發價格較划算
天仙果	適量	約120元/斤	

▲羅漢果是雙果中的一果。

▶店內的藥材不下數十種，為的就是讓客人吃得更健康，更滋補。

製作方式

1. 前製處理

先將雞肉洗淨、切塊、川燙後備用。

2. 製作步驟

1. 先將羅漢果撥開捏碎。

2. 將羅漢果裝入藥包中。

3. 將天仙果放入藥包中，將藥袋包好。

4. 在鍋中加入水並將包好的藥包放入鍋中以小火熬煮7-8個小時。

5. 熬製完成的藥汁。

6. 將川燙過的雞肉放入盅內，倒入適量的藥汁並加入適量的紅棗。

7. 加入些許的人蔘鬚。

【獨家秘方】

用大型蒸箱以一盅一盅的形式蒸煮燉品，才可以維持每份套餐燉品的新鮮口感。

8. 將裝好食材封上保鮮膜，放入蒸箱中加熱，讓紅棗及人蔘味道滲出即可。

DIY小技巧

先將所需藥材燉成湯底備用，將雞塊洗淨川燙煮熟後備用，在鍋中倒入煮好的湯底，放進雞塊，可以再加入一些中藥提味，如常用的紅棗、枸杞或人參鬚，悶煮約20分，讓雞肉入味即可，可再依個人口味添加調味料。

【美味見證】

店裡以套餐形式推出藥膳料理，除了主要的燉品之外，連飯都是加了何首烏汁，而我最喜歡吃店裡的十全大補蛋，滷的十分入味，養生茶也相當不錯，清甜芳香完全感覺不到中藥味。

朱小姐 上班族 25歲

佳味薑母鴨
麻油炒老薑，
香味傳千里，
正港紅面鴨，
味美又滋補！
美味評比：★★★★★
人氣評比：★★★★
服務評比：★★★★★
便宜評比：★★★★
食材評比：★★★★★
地點評比：★★★★
名氣評比：★★★★
衛生評比：★★★★★

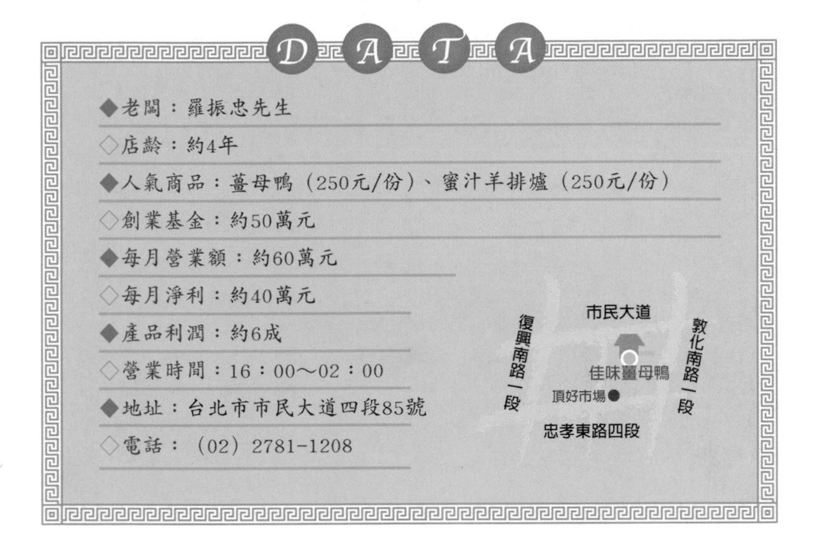

DATA

◆老闆：羅振忠先生

◇店齡：約4年

◆人氣商品：薑母鴨（250元/份）、蜜汁羊排爐（250元/份）

◇創業基金：約50萬元

◆每月營業額：約60萬元

◇每月淨利：約40萬元

◆產品利潤：約6成

◇營業時間：16：00～02：00

◆地址：台北市市民大道四段85號

◇電話：（02）2781-1208

每年只要時序一入冬，大街小巷的薑母鴨店便如雨後春筍般紛紛開張，似乎冬天就是該輪到了薑母鴨大展身手的時節，在衆多的藥膳食補當中，一直覺得薑母鴨的湯頭喝起來是最過癮的，光是聞到那辛辣的嗆味，就讓人精神為之一振。

而據說，薑母鴨的作法是從商代名醫杜仲所流傳下來，麻油炒上鴨肉，再加薑母、燒酒燉熬，兼具辛辣香鮮等味道，食後令人精神振昂，通體舒暢，而深受當時帝王們的喜愛，因而民間開始流傳。

▲「佳味薑母鴨」位在車水馬龍的市民大道上，店裡除了薑母鴨之外，還有販賣蜜汁羊排爐等食物。

從現在四處可見紅底黑字的薑母鴨招牌看來，不難想像薑母鴨受到一般民衆喜愛的程度了。

心路歷程

在車來人往的市民大道上，羅老闆所經營的這家「佳味薑母鴨」，開業至今已有五年的時間。原本是從事水電工作多年的羅老闆，當初會轉而經營起薑母鴨，主要的原因居然是因為要接手兒子的事業。原來這間「佳味薑母鴨」最早是由羅老闆的兒子在經營，大約在三年多前，羅老闆的兒子剛好要另闢工作跑道，加上近幾年房地產不景氣，連帶影響到羅老闆水電工程生意，所以在兒子的建議之下，羅老闆乾脆就結束了水電工程的工作，和羅太太兩人一起投入薑母鴨店的經營。

「店裡的薑母鴨，是使用八十年老店麻油以及三年以上的老薑下去熱炒，不僅味道香醇而且薑汁入味，鴨肉也是來自南部的紅面番鴨，吃起來肉質鮮嫩甜美。」

老闆・羅先生

對於烹飪一向很有天份的羅老闆，好像就注定似的要走入吃的這一行，在接手這家薑母鴨之前，羅老闆也曾經玩票性質的賣過牛雜湯，純正道地的風味還廣受顧客好評呢！

由於店裡的薑母鴨口味，強調的是傳統的高雄風味，所以在接手店內工作之前，羅老闆還特地南下高雄向同樣在經營薑母鴨店的朋友再次請益。

據羅老闆的說法，雖然冬天一到，滿街的薑母鴨店紛紛開張，但每家店的薑母鴨所呈現出來的口感好壞卻是大不相同，主要的原因就是在薑片及鴨肉的處理過程上。有一些店家是以薑汁入湯的方式，直接和鴨肉一塊下鍋烹煮，這樣的薑母鴨，薑汁不夠入味，而且鴨肉嚐起來不是太硬就是太澀；而店裡的處理方式是先以薑片加入藥材，悶炒二到三個小時左右，讓薑片和中藥味融合，而鴨肉則是另外燉煮，等到要食用時再將煮好的鴨肉與悶炒好的薑片合而為一，只有這樣的作法才能使肉質夠爛，卻不會太辣或太澀，而且也可以依個人口味來調整薑片的份量。這樣的處理過程雖然繁瑣，但也為羅老闆的店裡贏得好評不斷及固定的客源。

羅老闆夫妻倆經營這家店三年多來，培養了不少的死忠顧客，每每還未到開店的季節，就有一些迫不及待的客人打電話來詢問。每年在九月之後，鴨子體肥味美，最適合品嚐，「佳味薑母鴨」也大約是從農曆八月中秋節過後，才會開始營業，所以想要大啖鴨肉美味的人，可得抓準時節囉！

經營狀況

【命名】

店名從「良補」到「佳味」，口味一樣棒。

原本的店名為「良補薑母鴨」，羅老闆接手之後改名為現在的「佳味薑母鴨」，其實最初命名時的想法很單純，只是想言簡易賅地表達出薑母鴨的是一道味美且有益健康的食物。而且進補向來是中國人的傳統，尤其一到了冬季，薑母鴨更是隨處可見的藥膳小吃，而「佳味」從字面上看來，即是代表著美

味佳餚，也頗為能符合薑母鴨這項食物。

【地　點】位在車水馬龍的市民大道上，地點熱鬧。

「佳味薑母鴨」位在車水馬龍的市民大道旁，又鄰近敦化南路、忠孝東路，地點算是相當熱鬧，不過市民大道上主要還是以過往的車潮為主，不像東區的其他道路比較容易聚集人潮，加上道路兩旁停車不便，這是美中不足的地方。

但是，好在店面也離附近幾個大型的辦公大樓不遠，許多上班族為了省去停車問題，都是在下班後直接多走幾步路過來，吃完後再返回公司的停車場取車。

而沿著市民大道上，也開了幾家PUB，順道帶來了不少夜生活的人潮，而附近雖然陸續開了幾家薑母鴨店，但羅老闆並不擔心，他表示好口味最後還是會贏得顧客的青睞。

【租　金】店面為自宅，省去一大筆租金。

由於目前的店面是羅老闆自己的房子，所以省去了一筆不小的租金費用，而羅老闆自己的住家也就位在店面的後頭，從店裡的後門出去，走幾步路就到了。往來其間，相當的方便。

而店面的空間約在二十坪左右，原本外場全是座位，羅老闆在接手後，則另外將外場的空間隔出二間包廂，每個包廂可容納十來人，其他的空間則約可容納二十席左右。

▲店內還販售自製藥酒。

而市民大道位在台北精華地段，租金也不便宜，據羅老闆的透露，以同樣的店面大小來看，每個月的租金約介在六至七萬元之譜。

食材

食材講究，價格相對不便宜，為了讓顧客滿意，貴也值得。

店內使用的鴨肉是南部養殖的紅面番鴨，送來店裡的都是經過清洗、切塊處理後的鴨肉。而選用的薑則是三至五年的老薑，羅老闆表示他個人比較偏好黃肉的老薑，口感比白肉的薑來得辣些，而製作薑母鴨並沒有硬性規定一定要用哪一種，端看每一家店的習慣。

而值得一提的就是店裡使用的麻油，是有八十年歷史的老店所製作的純麻油，羅太太說，這家店在迪化街一帶相當出名，招牌就直接叫做「八十年老店」，所出產麻油十分香醇濃郁，絕非市面上一般的麻油可以相比，一小瓶就得花上一千元。

此外，湯底所使用的中藥材配方是羅老闆直接向一位中醫師朋友拿的，就連羅老闆本身也不知道藥包裡頭確切的藥材及比例。不過，雖然不知道配方，羅老闆表示，這包藥材可是挺貴的，一點點就得花上幾萬元，而一些搭配湯底的時蔬，羅太太則是不定點地前往濱江市場或是蘆洲、三重等地的批發市場購買。

【硬體設備】 廚房設備特別訂製，燉煮鴨肉快鍋不可少。

一般的薑母鴨店，外場的設備主要就是桌椅以及桌上加熱的小瓦斯爐台，而店裡廚房內的櫥檯設備則是依空間大小特別訂製的，而用來炒薑、炒肉的大鍋、熬製湯頭的鍋具、盛裝薑母鴨的砂鍋以及存放食材的冰箱、冰櫃，都是不可或缺的設備，這些設備都可以環南市場一帶的店家找到。此外，為了讓鴨肉嚐起來鮮嫩，另外則準備了快鍋來燉煮，在一般的百貨商場內都可以買得到，價錢約在四千到六千元間。在生財設備上，林林總總加起來也需要準備五十萬元左右。

▲利用快鍋燉煮，鴨肉會更鮮嫩。

【成本控制】 物價飆漲快，成本急速提升。

由於紅面番鴨是有季節性的，所以店裡在夏天時是休息的，到了農曆八月左右才會開始營業，一年之中有大半的時間都是在休息，賴太太笑說這種情形就像學生們在放暑假一樣。

不過，由於店面是自己的房子，幾個月沒有營業也不至於有太大的成本壓力，至於是否會想在夏天時另外賣些別的產品呢？羅太太則表示光是在冬季這幾個月就已經夠忙了，而店裡的人手就夫妻二人，一個負責食材，一個負責烹煮，少了人事開銷也不失節省成本的好方法，只不過真的辛苦了點。

而在食材成本方面，羅太太則表示並沒有特別去計算，因為在市場中通常都是看了喜歡就買，也沒有固定跟哪個批發商合作。

而店裡每鍋薑母鴨售價是二百五十元，天氣一冷時，幾乎每桌都是客滿的，有些顧客還會一次點上兩鍋，所以生意算是不錯，只不過物價飆漲的快，有些店家都已經將薑母鴨的售價調高，而店裡則是選擇提高的成本自行吸收。

【口味特色】 口味要好，炒薑技巧是關鍵。

薑母鴨要好吃，最重要的關鍵就在於高湯及煮鴨肉的烹調過程。首先，店裡薑母鴨的高湯是使用鴨子原汁，再加入悶炒數小時的薑片，薑汁融入鮮甜的湯頭，甘辛兼具的滋味，在寒冷的冬天喝起來最過癮！而吃鴨肉最怕的就是如同嚼蠟一般，不是燉得不夠久肉質太硬，就是燉得過久肉質太老太澀，而賴老闆除了使用快鍋燉煮鴨肉之外，在火侯上也掌控的恰到好處，所以店裡的鴨肉吃起來帶有韌性又保持原有的鮮甜。

此外，每個人可以依自己的喜好來調整湯頭的口味，喜歡吃辣的人，就可以跟老闆要求多加些薑片，而一鍋薑母鴨也可以採火鍋式的吃法，加入凍豆腐、金針菇等食材，十分豐盛。

除了招牌的薑母鴨之外，另一道蜜汁羊排爐也大受顧客的歡迎，以特製的醬料及羊肉精燉數小時，吃起來完全沒有羊羶味，還具有補虛益血氣的功效，許多客人來到店裡都是一次點上薑母鴨及蜜汁羊排爐。

本籍宜蘭的賴老闆也特別推薦了一道精燉雁鴨，雁鴨肉質細嫩跟紅面番鴨的口感大不相同，不過烹調手續比較複雜，必須來店前一個小時事先預約。

【客層調查】 上班族、城市夜貓族，都是主力顧客。

看到店內的牆上，有著滿滿的明星簽名，就知道許多名人都是這裡的常客，像是曹啟泰、凌風等人，而紅極一時的《飛龍在天》劇組人員，也曾經大批人馬來到羅老闆的店裡光顧。

而據羅太太的觀察，過去多是勞動階層的人會吃薑母鴨來補補身，而現在則是不分職業、年齡，只不過很多台北的女生，好像特別怕胖，吃的都比較少。

一般在晚餐時段來到店裡用餐的族群，都是以下了班的上班族居多，而晚上吃宵夜的人潮，則是來自四面八方，有些是開車經過，有些是過夜生活的人，尤其附近的幾家PUB開張之後，一到夜晚時分，不少時髦的年輕男女都會出現在店裡。

【未來計畫】 冬天忙碌夏天休息，生活頗為愜意。

羅老闆每天下午三、四點就得開始準備炒薑煮鴨的前置作業，拿起幾斤重的大鍋站上二個小時以上是常有的事。而羅太太在結束店內的營業後，凌晨二、三點又得趕去市場批貨，回到家後，光是整理當天要用的食材，又得耗上幾個小時。

經營吃的這一行，兩人都覺得實在是很辛苦，不過受到客人們的肯定及讚賞，也是讓他們感到欣慰的地方。已經是祖父級的羅老闆，兒女都已經各有事業，對於開設分店或其他計畫，並沒有去多想，因為一方面太累，另一方面也沒有人手可以幫忙。

▲羅先生及羅太太兩人對目前的生活頗感滿意。

現在過著冬天忙碌，夏天休息的生活，夫妻倆倒也相當愜意。

項　　目	說　明	備　　註
創業年數	5年多	羅老闆接手經營的時間為三年多
創業基金	約500,000元	
坪數	約20坪	包含二間包廂
租金	自宅	同樣空間大小，附近的租金行情每月約在6至7萬元間
座位數	約50人	
人手數目	2人	
平均每日營業時數	約10小時	
平均每月營業天數	約30天	
公休日	5月到9月	中秋節過後開始營業，仍視當時氣候而定
平均每日來客數	160人	
平均每日營業額	20,000元	
平均每日進貨成本	約7,000元	
平均每日淨利	約13,000元	
平均每月來客數	約9,000人	
平均每月營業額	約600,000元	
平均每月進貨成本	約210,000元	
平均每月淨利	約400,000元	

※ 以上營業數據由店家提供，經專家估算後整理而成。

成功有撇步

羅老闆認為不管做什麼事情就是要下功夫去學習，而經營吃的這一行，更要不斷去鑽研改進，讓自己的手藝更加精進，有時候到處去別家店品嚐比較，也是讓自己進步的方法之一。

而現在的顧客都相當的精明，口味好壞與否，他們在吃過比較後就知道了，所以在每一次的烹調過程或食材的選擇上，都要得認真小心去經營，一旦被客人發現不用心，有些顧客是不會再上門光顧了，而對於自己的店裡也是一大損失。

進補小常識

薑母鴨主要是用薑、鴨肉以及胡麻油一起烹調而成，食用之後，可讓全身發熱、促進血液循環、利於排汗，同時還具有整腸、增進食慾、促進消化與吸收、鎮靜、抗真菌、造血以及利尿等多種功效。

值得注意的是，薑母鴨中大量使用的麻油、米酒，容易讓人上火，腹瀉或胃酸過多者，在烹調時用最好減輕這些食材的比例。

而鴨肉具有滋陰補血的效用，可治療五臟陰虧所導致的口渴、消渴以及血虛所導致的頭暈眼花、失眠等症狀。此外，鴨肉也擁有不錯的營養價值，包括蛋白質、脂肪、碳水化合物、鈣、鐵、維他命B1、B2、醣類等等。但是由於鴨肉甘冷，脾胃虛弱者最好不要食用。

薑母鴨

材料說明

薑母鴨　店裡使用的鴨肉為南部所產的紅面番鴨；胡麻油則是來自迪化街八十年老店；薑則是選擇三到五年的老薑；湯底中藥包是向中醫師直接購買。

項　目	所需份量	價　格	備　註
紅面蕃鴨	適量	約65元/斤	南部正宗紅面番鴨，價格每年有所波動
黃肉老薑	適量	約50元/斤	選擇三年以上的老薑
米酒	適量	120元/瓶	
胡麻油	適量	1000元/瓶	來自迪化街80年老店

製作方式

1. 前製處理

由於送到店裡的鴨肉已經過前置的切塊處理，只需先將鴨肉洗乾淨備用；老薑切片備用；高湯以特調的中藥包、米酒、鴨子原汁下去燉熬。

2. 製作步驟

1. 倒入適量的胡麻油至鍋中，待油鍋溫熱之後，再將已經切好的薑片取適量放入鍋中熱炒，注意不要一次放入太多薑片，先讓已入鍋的薑片爆香入味，再加入其他薑片，過程中要不停翻動，以免薑片焦掉。

2. 經過2到3個小時的悶炒後，完成的薑片成品。在悶炒的過程中有加入獨家的中藥配方及米酒。

3. 放入適量的麻油，將薑片、鴨肉放入鍋中熱炒數分鐘。

4. 將炒好的鴨肉及薑片放入快鍋中，蓋上鍋蓋悶煮。

5. 悶煮鴨肉的時間必須掌握好，時間不夠或是過久都會影響鴨肉的口感，通常當鍋爐發出聲響，就要可以開始放掉蒸氣，而蒸氣放掉之後，讓鴨肉在快鍋中悶個8分鐘左右，可以讓鴨肉更加入味。

6. 將悶煮好的鴨肉取出。

7. 將悶煮好的鴨肉放適量到砂鍋中，再放入之前悶炒好的薑片。（可依個人口味適量放入，喜歡辣一點的口味，就可以放多一些。）

8. 將燉熬好的高湯湯底適量倒入。（高湯湯底是以中醫師調配的中藥包加入米酒、鴨子原汁下去熬製）

【獨家秘方】

羅老闆表示店裡最費工夫的烹調手續，就是麻油悶炒薑片的過程，每每要花上二到三個小時不停地重複翻炒，薑味與麻油味才會融合而且入味，而這些悶炒的薑片也是影響薑母鴨口感的重要因素。

9. 上桌前放在爐台上再次溫熱即可，薑母鴨即可完成。

10. 冬天來一碗熱呼呼的薑母鴨，不僅身體馬上暖起來，還可以補身。

DIY小技巧

市面上有販賣現成的中藥包，而一般烹煮薑母鴨所用到的藥材就是當歸、黨參、川芎、黃耆、枸杞等。如果要使用快鍋快速烹調出薑母鴨，可依照下列作法：首先，將上述中藥材裝入藥包，鴨肉清洗切塊，老薑切片備用。以適量的麻油、薑片及鴨肉，在鍋內熱炒至香味出來，最後在快鍋中注入適量的米酒、放入中藥包以及炒好的鴨肉及薑片，在鍋內注入水至蓋過食材，小火加熱至快鍋啣啣作響即可。

【美味見證】

天氣一轉涼，最常帶著女兒來到這裡吃上一鍋薑母鴨，這裡的湯頭喝起來清甜不膩，鴨肉吃起來具韌性又入味，最重要的是價格不貴，一鍋才二百五十元，還可以搭配各式的食材配料，一餐吃下來不僅豐盛又具食補的功效，十分划算！

賴太太及女兒（家庭主婦，35歲）

林記藥膳土虱

活土虱、滑溜舌，
活絡筋骨、營養滋補，
鮮嫩細膩的口感，
成為老饕的最愛！

美味評比：★★★★★	人氣評比：★★★★★	服務評比：★★★★	便宜評比：★★★★★
食材評比：★★★★★	地點評比：★★★★★	名氣評比：★★★★★	衛生評比：★★★★

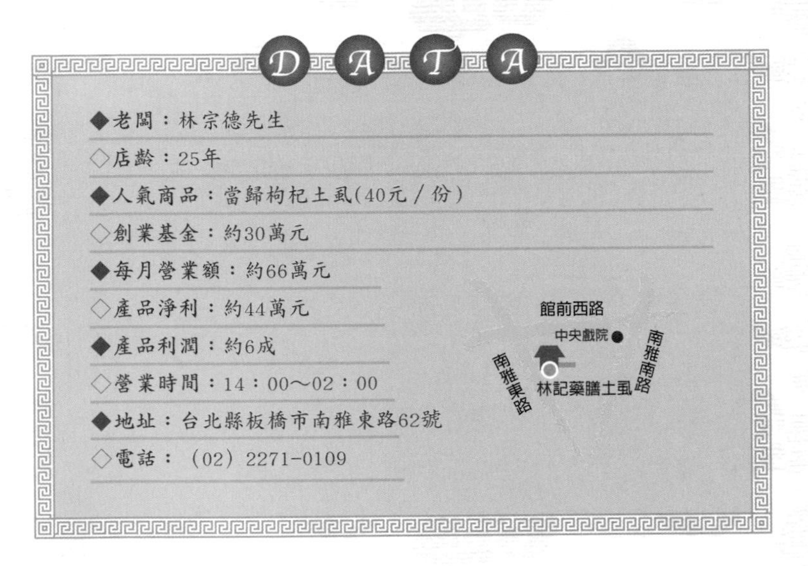

DATA

◆老闆：林宗德先生

◇店齡：25年

◆人氣商品：當歸枸杞土虱(40元／份)

◇創業基金：約30萬元

◆每月營業額：約66萬元

◇產品淨利：約44萬元

◆產品利潤：約6成

◇營業時間：14：00～02：00

◆地址：台北縣板橋市南雅東路62號

◇電話：(02) 2271-0109

若是有人問到藥膳土虱的味道如何？我只能用鮮嫩無比來形容了，土虱的肉質細嫩，嘗起來不油不膩，而湯頭經由藥材的調和之後，已經沒有魚肉的腥味，但又帶著甜美的魚鮮味。

想到採訪的當天，一來到店裡，就看到攤車旁邊兩箱滿滿滑不溜丟的土虱。在跟老闆娘稍作採訪之後，為了要拍攝書中的製作過程，便請她從頭示範一次藥膳土虱的作法，只見老闆娘技巧純熟地隨手抓起一隻肥肥胖胖的土虱，便用木棒大力地往土虱的頭上打下，接著開腸、剖腹……，沒想到一幕活生生的土虱屠殺劇正在眼前上演。

▲「林記當歸枸杞土虱」在板橋南雅夜市裡經營了25年。

「喔！原來我桌上這一碗湯頭甘甜，肉質鮮嫩的藥膳土虱是這樣做成的。嗯……還是別多想了，再麻煩老闆娘幫我加些鮮嫩的魚肚吧。」我心想。

心路歷程

林記藥膳土虱已經有二十五年歷史，稱得上是板橋南雅夜市中生意好名氣又大的老字號店家。

林老闆回憶起當初剛來這裡開業時，可是遇到很大的挫折，

「林記當歸枸杞土虱」的林老闆及老闆娘。

林老闆說，原本會想到要來賣當歸枸杞土虱，主要是因為自己的姊姊就是在華西街附近做著藥膳土虱的小吃生意，那時候平均一天就能夠賣出七、八十斤的土虱，有時生意好時，甚至還一天賣到三、四百斤呢，就是看到居然這麼多人喜歡吃土虱，於是他才想到要另找地點開店，結果沒想到最初經營時，生意真的是不如預期，一天才賺得三、四百元，根本就入不敷出。

原本還打算要收掉不賣了，卻又有了轉機。原來導致當時生意不佳的主要的原因是出在調配的藥方上，林老闆當時配的藥方，雖然有著強身健體的作用，但因為太過於著重補身的效

用，卻忽略了藥材比例太重，會導致湯頭的口感過苦，之後經由顧客的反應，林老闆便試著重新調整藥材的比例，將湯底調得清淡些，調整後的口味，不僅讓一些顧客重新上門，連附近的一些學生族群都相當的喜愛，就這樣一路走下來，「林記藥膳土虱」在板橋地區累積了一定的口碑及固定客源。而近幾年來，經由許多報章媒體的相繼報導，特地聞名前來的顧客，也不在少數。

本身是萬華在地人的林老闆，最初也是從自小生長的西門町、萬華一帶找尋合適的店面，但一方面由於這一帶的店家幾乎已經接近飽和，另一方面也是房租太貴的關係，於是才開始往台北縣尋找，後來選定在板橋南雅夜市裡落腳，他也沒想到一轉眼間在板橋地區做生意也過了二十五年了。

原本店內主要是由林老闆一人在負責生意，林太太則是另在西門町擺攤賣涼圓，西門町的人潮多，林太太的生意倒也不錯，但時常要面臨警察的取締及罰單，後來便乾脆轉回店內幫忙先生的生意，這也道出了經營路邊攤生意的辛苦之處。

經營狀況

【命名】以姓氏命名，簡單明瞭。

當初林老闆也沒有想到要特別為自己店裡取什麼店名，於是就乾脆直接以自己的姓氏命名，在招牌上則另打著店內的三項招牌產品：枸杞當歸土虱、藥膳排骨以及藥膳羊肉。所以來

到板橋南雅夜市裡，要是聽到有人提到林記藥膳土虱，林記藥膳羊肉等，所指的應該都是林老闆這一家店。

【地　點】

位於鄰近火車站及學校的板橋南雅夜市內，人來人往，十分熱鬧。

林老闆的店面位在板橋南雅東路上，當初他可是找了整個台北縣市才決定在這裡落腳。南雅夜市已經有三十多年的歷史，整個夜市的位置剛好位在南雅東路上，裡頭多是小吃攤位，也有一些販售衣服、鞋子的店家，相當的熱鬧。由於地點鄰近火車站及學校，二十多年前林老闆就是看準了這裡聚集的人氣，才決定在這裡開店。

之後，南雅夜市經由政府的重新規劃，兩旁的店面整齊一致，攤位也都有固定的位置，現在已經是板橋著名的觀光夜市，所帶動的人潮更是可觀。

【租　金】

三十坪空間，每月約三萬五千元。

目前林老闆的店面租金是每月三萬五千元，約三十坪左右的空間。由於食材全部都是在店內處理，林老闆還特地將座位與廚檯區隔，另外隔出一個的空間用來專門烹調熱炒。

此外，也將攤車設置在店門口，一方面節省空間，另一方面也比較醒目，所以店內的空間還算寬廣，約可容納三十位的座位。

【硬體設備】 設備以實用簡單為主。

在夜市裡做的是小本生意，林老闆表示賣得主要是口味，所以在生財器具上就沒有很講究了，一切以簡單實用為主。除了一些烹煮的瓦斯廚檯之外，一台攤車現在約一萬多元就可以買得到，店內也沒有特別的裝潢，簡單的桌椅加上一些必備的鍋碗餐具，扣除掉食材費用，硬體設備所需的花費並不多。

食材 土虱來自養殖場，中藥藥材自行調配。

當歸枸杞土虱的湯頭中使用了黃耆、川芎、當歸、桂枝、洋蔘、熟地、枸杞等中藥材下去提煉熬煮，到一般中藥行採購即可，而土虱則是來自養殖場，由於林老闆店裡的貨量大，所以有著固定合作的對象，現在都由對方直接運送過來。土虱的價格現在約一斤二十六元左右。

【成本控制】自家人通力合作，節省成本支出。

店內生意好時，光是當歸枸杞土虱這項招牌，一天就可以賣出一、二百斤，平常的時候至少也有一百五十斤，這還是現在景氣不佳時的數量。

由於店裡的食物都是新鮮現煮，每天到了下午二、三點左右，老闆娘就開始處理二大箱的土虱，從切開、洗淨、燙熟，再放入大鍋中藥湯底裡熬煮，相當費時費工，加上店裡同時也賣有一些熱炒食物，一忙碌起來，真的是讓人分身乏術。

雖然店內生意不錯，不過在人手方面，林老闆還是以精簡為主，夫妻倆再加上兒子、媳婦一起幫忙經營，幾個人同心協力之下，生活倒是很充實，同時也可以省去了人事上的開銷。老闆娘也表示，店裡的當歸枸杞土虱，一碗才賣四十元，從二十多年前的二十元定價，到現在也只漲了一倍，但光是市面上的物價就不知飆漲了多少倍，尤其自己做的小吃生意講求的是信用不能隨意漲價，所以就靠著薄利多銷來賺取利潤，能省的支出就儘量節省了。

【口味特色】現宰現煮，肉質新鮮不腥。

店內主推三種藥膳食補，分別是當歸枸杞土虱、藥膳羊肉、藥燉排骨，問到哪一種食物最受顧客歡迎，林老闆表示因客人的口味喜好不同，每種食物都有著一定的銷量，但若要論

▲ **除了最有名的當歸枸杞土虱之外，店裡還賣有藥燉排骨以及一些熱炒食物。**

到店內哪一種食物最出名，林老闆則說，那莫過是當歸枸杞土虱了。林老闆說許多媒體都曾經前來店裡介紹過這道藥膳，因為土虱講求的就是新鮮，店裡的土虱都是當場處理，經由去除內臟，開水燙過後，才放入中藥湯底裡熬煮，所以嚐起來的土虱肉肥嫩不腥。此外，湯底也是林老闆精心調配的，當初在客人的建議之下，林老闆重新調整中藥比例，當中加入了十六種藥材，呈現出爽口甘甜的口感。

土虱的蛋及肚子部分，都是可以吃的。尤其是魚肚部份，細嫩又帶點油脂，入口即化。所以店裡一大鍋的當歸枸杞土虱中，還包含魚頭、魚蛋及魚肚部份，客人可以依照自己的喜好，特別跟老闆娘叮嚀自己要的是魚頭或身體，或者是要加些滑嫩的魚肚，價錢都是一樣的。

林老闆也透露店裡的湯底是隨依季節調整，所以生意也不太受到季節影響。

【客層調查】 顧客來自四面八方，年輕學子也喜歡。

由於地點位在人來人往的夜市裡，一到晚上來店用餐的客人可說是來自四面八方。但是店內仍有一群固定的客源，像是一些住在附近的居民或是附近的學生。

這些老顧客都抓準了林老闆的營業時間，每到下午二、三點時，就會到店裡報到，有的是夫妻倆一同前來，有的則是三五個朋友聚在一起，喝個小酒，順道和林老闆聊聊天，大伙兒都已經是認識多年的老朋友了。

當初林老闆也沒料想到年輕的學生，竟然也會喜歡當歸枸杞土虱這項食物，而成為自己的忠實顧客群，這些學生經常到了晚自習時間，就會派個代表來到店裡，每次一帶走就是七十碗，這種情況真是令他大感意外。

【未來計畫】 若有適合地點，計劃開設分店。

生意好，林老闆當然也萌生過開設分店的念頭，只是合適的地點難尋，畢竟生意要興隆，在地點的選擇上是一個不可忽視的關鍵。

目前林老闆夫妻倆已經將店裡的工作漸漸交棒給兒子、媳婦處理，不過每到了下午時，林老闆還是會出現在店裡，和老顧客們一起聊聊天，晚上生意開始忙碌時，一家人則共同忙著招呼著客人，林老闆也提到如果真的有合適的店面，大家不妨可以提供給他喔！

項　　目	說　明	備　　註
創業年數	25年	
創業基金	300,000元	
坪數	約30坪	
租金	約35,000元	
座位數	約40人	
人手數目	4人	皆為自家人
平均每日營業時數	約12小時	
平均每月營業天數	30天	
公休日	無	
平均每日來客數	500～600碗	一天約賣出十二鍋，一鍋約36碗，約略估計
平均每日營業額	22,000元	
平均每日進貨成本	約6,000元	
平均每日淨利	約10,000元	
平均每月來客數	約16,500人	
平均每月營業額	660,000元	
平均每月進貨成本	180,000元	
平均每月淨利	440,000元	

※ 以上營業數據由店家提供，經專家估算後整理而成。

【林記藥膳土虱】

成功有撇步

做了二十多年的生意，林老闆強調的就是認真實在的經營態度，他以自己的經驗為例指出，不管從事的是哪一個行業，都是得下功夫去學習，發現錯誤時就要立刻改進，而不是人家教你，怎麼做就完全照著去做，而沒去注意到顧客的喜好及接受度。

當然，食物除了要料好實在之外，還要價格合理，才能做出口碑來，而做生意也非一蹴可及就可以成功的，如果真的是有心想從事小吃這一行，千萬不可抱著三天捕魚、兩天曬網的心態，這樣可是培養不了固定的顧客喔。

進補小常識

在十幾年前，環境污染還未像現在這麼嚴重，土虱曾經活躍在台灣各地的溪流石縫中，但現在因為溪流普遍被污染，野生的土虱無法生存，因而絕跡，目前市面上販賣的土虱，大部份是從人工養殖場批發而來。

由於土虱含有豐富蛋白質和鈣質，食用後可以活絡筋骨，根據民間的說法，土虱除了具有滋補的功效外，如小孩受到驚嚇或經常尿床，食用後就可以不藥而癒。

【做·法·大·公·開】

當歸枸杞土虱

材料說明

當歸枸杞土虱 店裡所使用的土虱來自固定合作的養殖場；中藥湯底則是林老闆使用十六種中藥提煉而成。

▶ 製作當歸枸杞土虱用到的藥材有黃耆、川芎、當歸、桂枝、洋蔘、熟地、枸杞等等。

項　目	所需份量	價　格	備　註
土虱	適量	約26元/斤	自養殖場直接運送過來，依市價不時波動
薑	適量	約35元/斤	依市價
黃耆	適量	約180元/斤	
川芎	適量	約100元/斤	
當歸	適量	約150元/斤	
桂枝	適量	約120元/斤	
洋蔘	適量	約800元/斤	
熟地	適量	約120元/斤	
枸杞	適量	約80元/斤	

※中藥的價格依等級種類而有所不同，不時隨市價調漲，以上價錢供參考。

製作方式

1. 前製處理

用黃耆、川芎、當歸、桂枝、洋蔘、熟地、枸杞等十六種中藥材以小火燉熬提煉湯底。

2. 製作步驟

1. 以木棒先將土虱打暈。

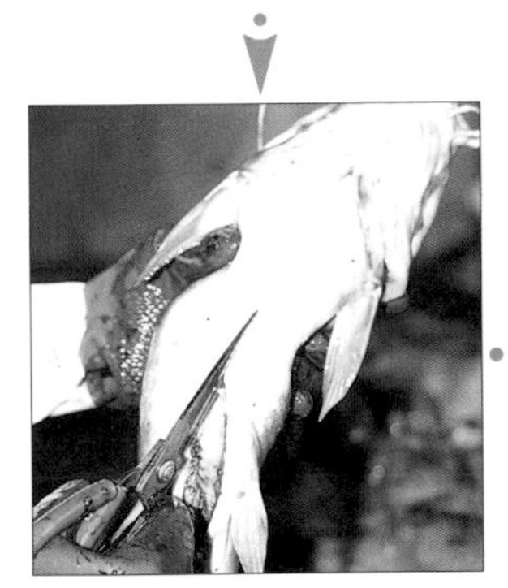

2. 再以剪刀剪開土虱的肚子。

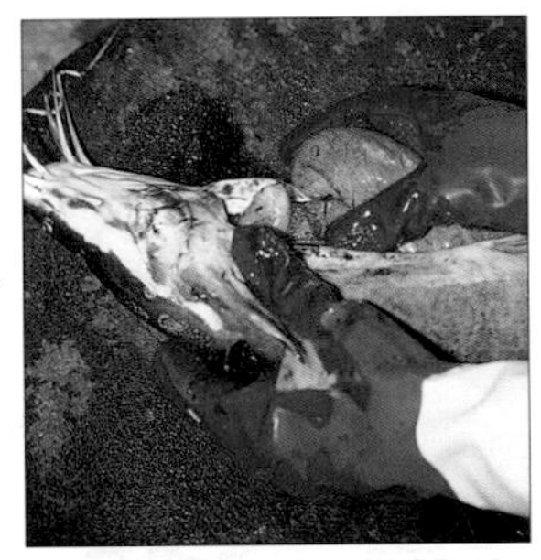

3. 將土虱的內臟取出，魚肚及魚蛋的部分勿丟，可以食用。

4. 將內臟處理乾淨的土虱切塊。

5. 將土虱塊放入沸騰的熱水中川燙，去除血水及雜質。

6. 待土虱煮熟後撈起備用。

7. 將16種中藥熬製好的湯底倒入大鍋中。

8. 在鍋裡放進一些薑片，去除腥味。

9. 再將煮熟的土虱放入大鍋中以慢火燉煮。

【獨家秘方】

以熬製等十六種中藥熬製而成的湯底，是林老闆研究多時的心血。

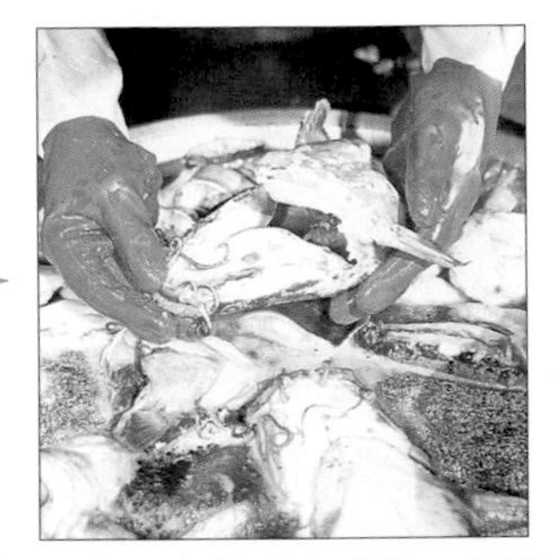

10. 大約至肉熟透入味後，就可撈起食用。

11. 以16種中藥精燉而成的湯頭，甘醇濃郁，具暖身效果，而土虱肉質細膩，十分鮮美。

DIY小技巧

將土虱清洗切塊處理完畢後，放入滾水川燙至熟，撈起備用。在鍋中加入適量水，再放入當歸、枸杞、熟地等藥材下去燉熬湯底，至藥味出來後，加入薑片及適量米酒，最後放入燙熟的土虱，至魚肉入味煮熟後，即可食用。

【美味見證】

每到下午時間，就會和幾個朋友一起聚在店裡，吃碗強身補益的當歸枸杞土虱，順道和林老闆寒喧幾句，之後在回去工作，才會精神百倍。

黃先生、張先生（32歲、30歲，小吃業）

順意滋膳阿媽補

神仙妙藥何首烏，
自古帝王養生品，
細熬精煉搭上細白麵線，
藥氣清香，盈滿一室。

美味評比：★★★★★	人氣評比：★★★★	服務評比：★★★★★	便宜評比：★★★
食材評比：★★★★★	地點評比：★★★★	名氣評比：★★★★	衛生評比：★★★★★

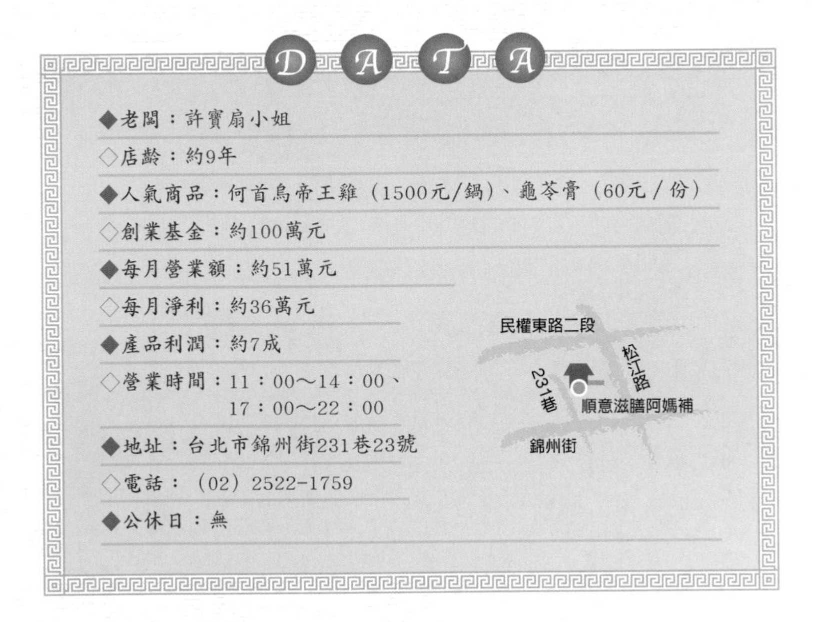

DATA

◆老闆：許寶扇小姐

◇店齡：約9年

◆人氣商品：何首烏帝王雞（1500元/鍋）、龜苓膏（60元／份）

◇創業基金：約100萬元

◆每月營業額：約51萬元

◇每月淨利：約36萬元

◆產品利潤：約7成

◇營業時間：11：00～14：00、17：00～22：00

◆地址：台北市錦州街231巷23號

◇電話：（02）2522-1759

◆公休日：無

許多人對於藥膳的印象都是有著一股濃厚的中藥味，不怕這種味道的人自是可以吃得順口，而害怕中藥味的人往往就退避三舍，現在許多藥膳餐廳，有些特別強調補身的療效，卻忽略掉食物本身的美味。其實中國的藥膳文化源遠流長，要真的能夠展現藥膳精髓，則是要能結合美味與強身的雙重功用，想要體會美味與補身兼具的藥膳料理，不妨就前來「順意滋膳阿媽補」品嚐其中的風味喔！

▲順益滋膳位在錦州街的巷內。

心路歷程

老闆娘許寶扇原本只是一位單純的家庭主婦，當初之所以會開始研究起傳統的藥膳食補，主要是因為本身體質較弱的關係，所以便想藉由傳統的藥膳來改善自己的身體狀況。

起初他也只是遵照中醫師提供的藥方去烹調藥膳，但製作出來的藥膳，多半如同一般的湯藥，帶有濃稠的苦澀口感，於是他便試著在烹煮過程中去調整藥材的比例，沒想到經過改良後的藥膳，不但沒有中藥苦澀濃厚的滋味，反而呈現出一種甘甜不膩的口感。慢慢地，老闆娘在烹調上有了心得之後，便開始分送各式補品給朋友親戚們品嚐，而許多人在吃過幾次之後，不僅覺得口味好，身體的一些不適症狀竟也有了明顯的改善。

「精燉數小時的燉品搭配上手工麵線品嚐，口感恰到好處，此外，店裡的龜苓膏，加入一點蜂蜜品嚐，清甜甘醇的風味，還兼具養顏美容的功效。」

「順意滋膳阿媽補」老闆娘・許寶扇

就這樣，老闆娘所熬燉的藥膳補品，在親戚朋友間打響了名號，於是便有人建議老闆娘不妨出來開業，就這樣在無心插柳之下，老闆娘便開始了對外的營業。

起初，老闆娘也只是在自個兒住家設個招牌，加上店面位置又位於樓上，一般人根本很難注意到，因此來到這裡的顧客還是熟客為主，而且都是以預約的方式。但是藉由顧客之間的口耳相傳，客層漸漸的拓展開來，老闆娘也才開始有了另尋一獨立店面的打算。

之後便搬到了目前位於錦州街的現址，雖然店面是位於巷弄內，但在舊雨新知的捧場之下，顧客群不斷拓展開來，連許多外地的客人也紛紛聞名而來。

研究藥膳食補至今將近十五年了，老闆娘對於自己的料理相當有自信心，尤其是店內的招牌一「何首烏帝王雞」，不僅湯頭喝起來香濃回甘，而且雞肉吃起來也鮮嫩不澀，同時可以搭配著滑順香Q的細白麵線一同食用，一口湯搭著一口麵線，口感配合的恰到好處。

經營狀況

【命 名】

溫馨古意的店名，有部分來自顧客建議。

一看到「順意滋膳阿媽補」這個招牌，很難不被它所吸引，這個溫馨又帶點古意的店名，老闆娘表示這是店面搬到錦州街時才命名的。當初取名時也曾為了討個吉利而算過筆劃，而加上「阿媽補」這三個字，則是一些熟客們提供的建議，老闆娘也覺得這樣既復古又好記便採用了。同時也代表著店內提供的中藥燉品，彷彿阿媽那個時代般的古早味，自然健康又滋補。再加上老闆娘熱誠招呼，溫馨感受正如其店名代表的意義一般。

【地　點】以屋換屋，搬來錦州街的店面。

一開始對外營業時，店面是位於忠孝醫院附近的社區內，店面還是位在樓上，在那裡經營了二年之後，才搬到目前錦州街的現址。老闆娘表示現在這個地點是一些朋友幫忙尋找的，由於附近辦公大樓林立，除了原本的老顧客之外，也增加了一些上班族的消費族群。但老闆娘也表示，其實目前這個地點不算太好，因為位在巷子內，附近又聚集了許多店家，時常有顧客抱怨地方不好找。

但是另一方面，附近的上班族消費能力高，也著重養身保健的觀念，老闆娘說搬到這裡已經九年了，累積了不少老闆級的顧客，連許多人移民到國外，每次回到台灣，都不忘再次登門品嚐。

【租　金】店面為自宅，省去租金費用。

由於目前的店面是自己的房子，省去了房租的開銷，當初老闆娘是以以屋換屋的形式，賣掉原本位於忠孝醫院附近的自宅，貸款換購現在的店面，由於地點是位在市區，所以房價也不便宜。

但是隨著近幾年經濟不景氣，附近的店租也下降了不少，老闆娘表示雖然有中興大學、辦公大樓等潛在消費群，但附近聚集的小吃攤實在太多了，學生的消費能力不高，以店面的形式和別人競爭，付出的成本相對提高。

▲龜苓膏也是店內一絕。

食材　藥材經過特別調配，新鮮食材每日現買。

店內招牌的何首烏雞，是以何首烏、黃耆、枸杞等二十餘種珍貴中藥材，遵循古法調製的。

這些藥材都是老闆直接跟進口商取貨，品質比較有保障，也比較衛生。至於價格方面，老闆娘則表示，當然是一分價錢一分貨，選擇比較好的藥材，即使是跟進口商取貨，價格也壓低不了多少。其他像是雞肉、排骨或是素食及熱炒青菜等，則是在一般市場中挑選。

老闆娘說，自己在這裡經營九年了，周圍的店家卻一直在更換，想在附近開店的人，還是對自己的產品及定位做仔細的考量，畢竟經得起時間考驗的店家還是不多。

【硬體設備】　熬煮中藥的砂鍋都是特別訂製。

燉熬中藥主要所需用到的工具就是瓦斯櫥檯及砂鍋了。店內熬製湯藥的砂鍋都是特別訂做的，除了套餐是以盅盛裝之外，大部分點餐都是以一鍋一鍋的形式，所以除了熬煮湯藥的大砂鍋之外，其他用來分裝的砂鍋，尺寸也都是特製的，再加上用來溫熱砂鍋的瓦斯檯，林林總總花費也不少。

不過老闆娘表示，自店面搬來錦州街之後，最大的一筆開銷就是裝潢了。店內使用的圓木桌椅都是古董傢俱，而一些古色古香的室內設計，也所費不貲。這些傢俱及設計都是陸續增購的，前後加起來也花費了上百萬元。當然，一般人在初出開業時，並不需要花上如此大手筆的費用。

【成本控制】 下午休息時間提供外送。

老闆娘表示這幾年的成本是愈來愈高了，藥材的價格漲了數倍，光是看看米酒的價格就知道了，但也不能因為成本提高了，就隨之調漲定價，一些成本還是得自行吸收。目前店內的藥膳鍋─何首烏帝王雞及佳氣雞，定價皆為大鍋一千五百元，小鍋八百元。一般而言，客人都是幾個人分擔合點一鍋並搭配一些熱炒。但是，為了拓增更多的客源，店內也推出套餐形式，以一盅的形式搭配麵線及小菜，每份是一百五十元。

▲店內新推出的養生鍋─佳氣雞，可以增強免疫力，幫助病後調理。

目前的店面由於是自宅，省了房租的費用。而在人手方面，除了老闆娘及剛退休的老闆劉先生外，還另外請了一位人員幫忙分擔廚房的烹調工作。

店面精緻但面積不大，大約放置七張桌子左右的空間，能夠容納的客人數量有限，所以在下午二點到五點的休息時間，也提供外送的服務，也有許多人是以預約的方式，請老闆娘先準備好，下班時順道來帶走。所以訂購或外送的份量，也占了營業額頗大的比例。

【口味特色】 改良傳統燉品口味，滋補功效依舊。

最初為店裡打響名氣的就是「何首烏帝王雞」這道燉品了。何首烏向來就是中國帝王的養身聖品，具有防止衰老、烏髮鬚、改善新陳代謝、增強肝腎功能、治便秘等功效，再經由老闆娘多年的經驗加以改良，以精心調配的中藥熬煉八小時的湯頭，沒有濃濃的中藥味，取而代之的是甘甜不膩的口感，再搭配上入味的雞肉或排骨，嚐起來肉質滑嫩而且溫潤順口。

老闆娘也透露雞肉或排骨大約在湯頭裡燉個一個小時左右，味道是最剛好的，時間太久肉質會太澀，時間不夠又不入味，所以火侯上的控制及藥材的比例調配，都是影響整體口感的重點。

店內也提供首烏帝王素食，素食食補所需花費的製作時間較長，因為食材需要經過整理，手工繁複，而熬燉的時間也要花上三個小時左右。

另外，近來才推出的新品佳氣雞，則是針對一些懼怕中藥味的人所設計，以紅棗、枸杞、黃耆等藥材下去燉煮的湯頭，食補的功效依舊，但和何首烏湯的口感相較之下就顯得清甜多了，對於中藥退避三舍的人，不妨可以試試呢！

除了主要的燉品之外，龜苓膏也是店裡一絕，濃郁的中藥味，可以適量加入點蜂蜜品嚐。

強調無負擔的保養觀是藥膳的特色之一，所以店內的湯藥都是原色原味，除了酒之外，是不添加任何調味料。

【客層調查】 客層年齡以中年以上居多。

老闆娘表示店裡的客層，在年齡上還是以中年以上的人居多，畢竟這種食補養身的觀念，還是有點年紀的顧客會比較注重，除了一些固定光顧的老顧客之外，附近的上班族也為主力客源，而店內特別推出的養身套餐，就是針對他們所設，在份量及價格上都特別經過考量。

而一些公家機關像是市議會、中興醫院等都經常以預約方式大量訂購店裡的藥膳鍋，尤其每逢過年、立冬或節慶時，預約外帶的人就特別多。此外，據說歌手潘越雲也相當喜愛店裡補品。

【未來計畫】 維持僅此一家，道地口味。

曾經有許多老顧客，提議要加盟或是投資入股，但是面對客人各式各樣的提議，老闆娘卻沒有這樣的打算。

老闆娘表示，由於自己凡事講求事必躬親，一方面是擔心藥膳料理在火候及時間掌控上，著實需要費心，即使是一五一十地將所知傳授給別人，但也不能保證其他人會照著做。再來，也是因為看了一些同性質店家，雖然開設了分店，但很多顧客們還是覺得本店的口味最道地，分店的生意反而不如預期，開設分店多一份操心。反倒是現在夫妻倆共同經營一家溫馨有口碑店面，也就心滿意足了。

項　　目	說　明	備　　註
創業年數	11年	搬至目前的店面為9年的時間
創業基金	約100萬元	
坪數	約30坪	
租金	自宅	
座位數	約40人	
人手數目	3人	夫妻二人加上一名員工
每日營業時數	約8小時	
每月營業天數	約30天	
公休日	無	
平均每日來客數	約100人	上班族多以套餐形式用餐
平均每日營業額	17,000元	
平均每日進貨成本	約5,000元	
平均每日淨利	約12,000元	
平均每月來客數	約3,000人	
平均每月營業額	約510,000元	
平均每月進貨成本	約150,000元	
平均每月淨利	約360,000元	

※ 以上營業數據由店家提供，經專家估算後整理而成。

成功有撇步

老闆娘認為做生意講求的就是良心，用心經營，注重品質，是最基本的原則。而好的食物再加上適當的推廣，應該就能受到消費者的青睞，還有就是不要忽略和顧客之間的良好互動，一句貼心的問候都能讓人被備感窩心，而當初店裡也是由顧客之間的口耳相傳開始做起，能有今天的局面，除了食物本身的口味之外，老顧客的捧場也是很重要的原因。

此外，老闆娘也表示，自己相當注重店面環境的整潔，尤其是自己所販售的產品及店面所在的區域，是以上班族為主要族群，提供一個舒適的用餐環境，也是吸引顧客的要因。

進補小常識

關於何首烏有這麼一段傳說，據說南河縣的何能嗣，到了五十多歲還沒有子嗣，偶然間，他發現一種能定時交合的野草，便每日服食。數月後，烏髮容少，十年內連生數子，他和兒子何延秀，都活到百歲，而孫子何首烏，到百歲時，頭髮仍烏黑如漆，當地人便將這種藥材命名為何首烏。

何首烏對於補肝腎以及補血有著明顯的效用，同時可用於腸燥便秘，是傳統的滋補良藥。時常食用何首烏可使腦細胞獲得足夠的血量，並能促進血細胞的新生和發育，因而讓臉色紅潤有光澤。此外，何首烏中含有卵磷脂成分是構成神經組織，腦細胞的主要成分。經由現代藥理證實，何首烏也具降血脂、減輕動脈硬化等功效。中老年人常服它，對防治心血管疾病很有幫助。

而何首烏料理在烹煮時，忌用鐵器來烹煮盛裝，因為鐵器會氧化原來藥膳所具備的療效。

【做·法·大·公·開】

帝王何首烏雞

材料說明

帝王何首烏雞 所用到的材料，主要就是包含何首烏、熟地、紅棗等二十多種藥材的中藥包以及烏骨雞，藥材是跟貿易商取貨，雞肉則自一般市場選購。

▲何首烏帝王雞使用了枸杞、紅棗、何首烏、熟地等中藥材去提煉湯底。

項目	所需份量	價格	備註
何首烏	適量	約120元/斤	
熟地	適量	約100元/斤	
枸杞	適量	約80元/斤	
紅棗	適量	約80元/斤	
烏骨雞	適量	約45元/斤	依市價

※中藥的價格依等級種類而有所不同，不時隨市價調漲，以上價錢供參考。

製作方式

1. 前製處理

先將雞肉切塊洗淨備用。

2. 製作步驟

1. 將紅棗放入藥材包裡。

2. 將熟地放入藥材包裡。

3. 將枸杞放入藥材包裡。

4. 陸續將何首烏等其他藥材放入中藥包裡。

5. 將調配好的藥材包放進大砂鍋裡熬煉湯藥，以小火燉熬8小時左右。

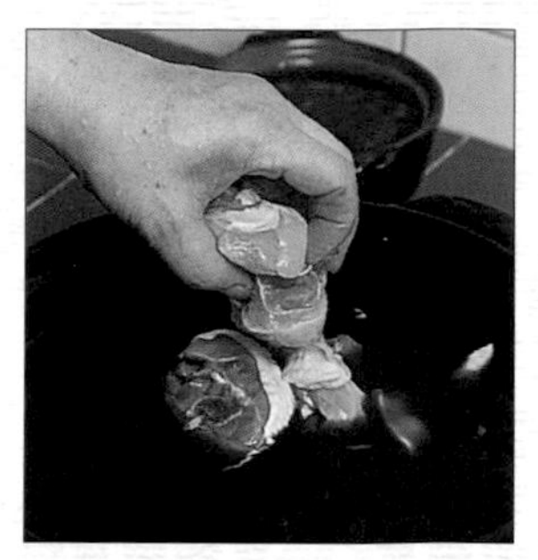

6. 將熬煉好的湯底倒入分裝的砂鍋裡，再將雞肉放入鍋中，先用大火煮開，再以小火燉熬約1個小時左右，讓藥汁味道滲入雞肉裡，即完成。

【獨家秘方】

老闆娘經由多年經驗才搭配出的藥材比例，讓熬出來的湯頭甘甜爽口，再搭配上柔嫩有嚼勁的雞隻，是成就店內招牌「帝王何首烏雞」的重要訣竅。

7. 帝王何首烏雞完成品，可搭配手工麵線一起食用。

DIY小技巧

何首烏雞的藥材配方為店家的獨門秘方，不便透露。但一般若要在家中自行烹調，可以參照以下的藥材及份量：黃耆30公克、當歸、何首烏、熟地各12公克、適量的枸杞以及的紅棗。

首先，將藥材放入中藥包，再將雞肉洗淨切塊，放入水中稍微川燙，取出備用。在鍋內注入適量水，放入雞塊、藥材包、用大火煮開，再改小火煮悶約1小時，將藥材包取出後，即完成。

【美味見證】

時常在中午時間和同事們一同前來品嚐店裡的何首烏雞，只要先打個電話預約，一進門老闆娘就會端出一鍋熱騰騰的雞湯，幾個人平均下來，費用不高，就可以品嚐到風味絕佳的補品，在忙碌的工作之餘也順便為自己補補身。

鄭小姐 35歲 上班族

圓環麻油雞
陣陣麻油雞香，
伴隨圓環發展，
五十年老字號，
美味傳承三代！
美味評比：★★★★★
人氣評比：★★★★★
服務評比：★★★★★
便宜評比：★★★
食材評比：★★★★★
地點評比：★★★★
名氣評比：★★★★★
衛生評比：★★★★★

◆老闆：吳青宏先生

◇店齡：50多年

◆人氣商品：麻油雞（150元/份）、人蔘枸杞雞（150元/份）

◇創業金額：約50萬元

◆每月營業額：約159萬元

◇每月淨利： 約73萬元

◆產品利潤：約5成

◇營業時間：11：30～03：00

◆地址：台北市寧夏街44號

◇電話：（02）2558-1406

中國人自古就非常重視養生，早在唐代食療本草中就有關於麻油雞對於婦女產後補身的記載，其實麻油雞本身含有豐富的鐵質、鈣質以及亞麻油酸等成分，不僅對有益於婦女產後調養，對於一般人而言，也具有很好的滋補功效。

或許正是這個原因，讓「圓環麻油雞」走過了五十年，仍然是受到許多顧客的喜愛，當然在冷颼颼的冬天裡，來上一碗香味四溢的麻油雞，絕對會讓人打從心裡暖和起來。

▲「圓環麻油雞」從早期的圓環夜市遷移至寧夏路上。

心路歷程

一提到台北著名的夜市小吃，自是不能少了圓環夜市，始於日據時代的圓環夜市可說是台北夜生活的發源地，在過去尚未拆遷之前，各個攤販以圓環為中心，聚集結市，各種鄉土小吃廉價可口，冷熱甜鹹一應俱全。每到夜晚繁華熱鬧，燈火通明的景象，應該深深的留在許多老台北人的印象中。之後，隨著政府整頓交通市容，打通了重慶北路，原本位於圓環上的攤販，才紛紛遷往寧夏路及重慶北路。而「圓環麻油雞」也是在那時候才遷移到位於寧夏路的現址。

「不論是店內的麻油雞湯、麻油腰子或是魯肉飯，都是使用有百年歷史的麻油下去烹煮，濃郁精純的口感，絕對兼具美味與食補功效。」

老闆娘・吳太太

擁有五十多年歷史的「圓環麻油雞」，搬來寧夏路上也已經有二十三年的時間了，目前的負責人吳先生及吳太太則為「圓環麻油雞」第三代的傳人。

吳太太表示，早在店面位在圓環時期，店裡生意就相當的好，之後雖然店面搬移到寧夏路上，但仍是延續圓環時期的那種盛況人潮，原本只有一樓的店面，為了因應來店顧客的人數，更擴增至一、二樓的規模，而在那時候許多上門的客人，要想要吃一碗香味四溢的麻油雞，都是需要排隊等待的。

雖然，後來附近許多店家看到「圓環麻油雞」生意如此興隆，也紛紛改賣起麻油雞，但當中生意最好的還是非「圓環麻油雞」這家老字號莫屬。老闆娘透露，許多顧客都曾經向她反應店裡的麻油雞一碗一百五十元是寧夏路這一帶最貴的，但在那麼多店家選擇當中，這些顧客依舊還是會選擇來到「圓環麻油雞」用餐。

老闆娘說，這其中最主要的原因就在於店裡的口味及用料絕對是真材實料，物有所值，像是店內所使用的麻油就是選擇有一百多年歷史的信成麻油，連老薑也是來自專門產薑的台東，雞隻更是師傅每天去濱江市場特別挑選的，就在這樣著重各個細節之下，才能成就一碗香味濃郁的麻油雞湯喔！

除此之外，店內的麻油腰子及魯肉飯也都是廣受顧客喜愛的熱門食物，老闆娘說，一般在街上吃到的麻油腰子，都是切的一片一片薄薄的，但是店裡的麻油腰子，卻是紮紮實實的一大塊，鮮嫩香脆的口感，完全沒有騷味。

而魯肉飯竟也是店內的招牌之一？別懷疑，原來當中除了有祖傳三代的特殊配方之外，飯裡還加了香醇的麻油，讓許多顧客在嚐過之後還會一再上癮呢！

經營狀況

【命　名】

因為位在圓環，因而取名環記。後來誤打誤撞變成店名現在的「圓環麻油雞」。

一看到「圓環麻油雞」這個店名，顧名思義的會讓人聯想到應該是因為店家最初是開設在圓環附近而命名的，但若您再

仔細瞧一瞧，就會發現店門口上的招牌只有單單一個「環」字標記，根據吳太太的說法，原本正確的店名應該稱做「環記」，在五十多年前會取這個店名，主要的原因也是因為當時攤位是位在圓環上，而店面搬來寧夏路之後，則繼續延用「環記」這個店名。

「環記麻油雞」會轉而變成「圓環麻油雞」，竟然是因為一些雜誌媒體的刊登有誤而造成的。而之後，許多來店的客人或是後續前來採訪的媒體，也就直接以「圓環麻油雞」來稱呼了，就這樣「圓環麻油雞」的名稱被打得響亮，甚至取代了原本的店名。

【地 點】 順著圓環延伸路線搬來現在店面。

在幾十年前，圓環夜市可是許多台北人吃宵夜的最佳去處，由於位於南京西路、重慶北路、承德路與延平北路之間，交通便利，每到傍晚時分，人潮之多讓當時的圓環夜市有著小西門町的稱號。

隨著政府為了整頓市容拆遷圓環夜市，當初位在圓環附近的攤販，則大多遷往重慶北路二段及寧夏路兩旁。吳太太表示「圓環麻油雞」現在所在的這個地址，當初就是特地沿著圓環夜市的延伸路線來選擇的，以達到聚集人氣的效果。

而原本的圓環中心，因為被道路所隔離，已較不如往日的繁華熱鬧，反而是重慶北路二段、寧夏路這些新興延伸區域，聚集了各式小吃及販賣衣飾、皮鞋的攤位，熱鬧的程度反而超越了原來的圓環。

【租 金】

三十坪大小，行情約在十萬元上下，但因為與房東有交情，租金因而比較便宜。

由於居在大稻埕這一帶的居民，在地人占了絕大多數，彼此間不是有著親戚關係，就是熟識多年的老鄰居了。吳太太表示，雖然目前的店面是租貸的，但是由於與房東熟識，彼此間多層關係，所以房租是較一般的行情來得低些，目前的店面涵蓋了一、二樓的空間，加起來約有三十坪，每月租金是七萬元左右。如果是以一般的行情計算，在寧夏路這一區域，同樣三十坪大小，租金應該會到十萬元左右。

食材

使用百年麻油，新鮮雞隻市場採買。

烹煮麻油雞湯、麻油腰子等料理，最大宗的食材花費莫過於雞隻、腰子以及麻油、薑、米酒等佐料，別以為製作麻油雞湯的食材看似簡單，其實使用的食材是影響食物口感的最大關鍵。

據老闆娘透露，光是店內使用的麻油就是來自有近百年歷史的「信成麻油」，一桶麻油的價格約八百元到八百五十元間，而用來去腥提味的薑片，也是來自台東專門產薑的地區，其他像是雞隻等生鮮食材，則是由店內的師傅親自到濱江市場選訂，由於麻油雞這食物本身油膩，所以儘量不要選擇太肥的雞隻。

【硬體設備】

> 店內的流理、瓦斯廚檯，都是依室內的空間大小而特別訂作的，其它的硬體設備大部分在環南市場一帶購買。

搬進寧夏路上的店面之後，店內的流理、瓦斯廚檯，都是依室內的空間大小而特別訂作的，而一些用來烹煮的鍋爐器具及桌椅設備，在一般的批發器材行都可以買到。

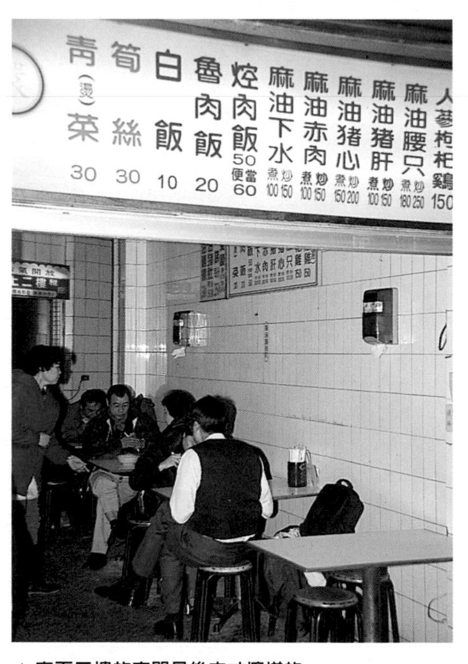

▲店面二樓的空間是後來才擴增的。

由於店內每天的生鮮食品進貨量相當大，所以用來存放的冰箱、冰櫃，尺寸也是特別訂製，吳太太表示這些設備都已經使用了二十年以上，確切的價格早已不可考，不過所有硬體設備林林總總加起來，該也花費了七、八十萬元以上。

此外，原本只有一樓空間的店面，在除掉廚檯部分之後，所剩的用餐座位並不多，所以在經營了七年之後，又擴充了二樓的空間，而為了節省人力及客人的等待時間，便在二層樓間增設一個運輸電梯，用來輸送煮好食物，也方便將熱騰騰的食物最快的送到顧客口中。

【成本控制】 食材花費占了一大宗。

扣除了每月固定的房租支出之外，店內最主要的開銷就是食材及人員的雇用上了。經營了五十多年的老店，店內的員工都是做了十幾年以上的老夥伴，由於店內的食物都是現做現炒，烹調的功夫可也不是一般人三兩下就學得會的，像是要如何將雞隻處理成份量等一的大小，也是得靠老師傅多年的經驗，而目前店內的工作人員約有十名。每個月的人事成本也超過了三十萬元。

食材的花費更是占了支出成本的一大宗，據吳太太保守的透露，每天光是食材上的支出，就約介在二萬至三萬元不等。

【口味特色】 麻油雞、麻油腰子最受歡迎，淋上麻油的魯肉飯也為特色。

▲麻油腰子一大塊的腰子，嚐起來鮮嫩香脆。

店內最受到顧客歡迎的食物莫過於麻油雞和麻油腰子了。其他的食物像是麻油豬心、豬肝、豬肚及赤肉等，也都是不錯的選擇，這些食物都有炒和煮二種形式可供選擇。

店內的麻油雞湯等食物之所以能打出響亮的名聲，除了食材講究之外，烹調時在火候控制上也得拿捏精

▲ 人蔘枸杞雞，提供害怕酒味的顧客另一個選擇。

準，例如光是爆薑這個步驟，就要藉由不停地翻動讓薑味出來，又不能讓薑片焦掉，現炒現做的食物，在火侯控制上可是一大學問呢。

而濃郁的湯底也是影響口感的關鍵，店裡的湯頭是使用了雞骨熬煮多時，先讓雞隻鮮味完全融入湯汁中，烹調時再另外將雞肉放入，才能有湯鮮肉嫩的口感。

魯肉飯也是店內值得一提的另類招牌，別小看這一碗魯肉飯，裡頭除了加了麻油之外，還有祖傳獨門的魯肉配方，吃過的人都讚不絕口。此外，針對一些害怕麻油及酒味的客人，店內也推出人蔘枸杞雞可供選擇。

【客層調查】 來店客人以老顧客、夜市人潮為主。

吳太太表示店裡的客源可歸分為二大類，一是累積了五十年的基本老顧客，另一則是吃宵夜的人潮。一般人對於麻油雞的印象，不外乎是在天寒風緊的冬季進補食物，就是婦女產後必備的補品，其實在天氣不冷的大白天裡，還是有許多人還是會來吃麻油雞。

因為本身麻油中含有不飽和脂肪酸，具有去除膽固醇的功效，而生薑、米酒則有促進新陳代謝、血液循環之效。所以有許多人三不五時就會來到店裡，吃上幾回營養價值高的麻油雞，藉此來補益平日工作耗損的精力。

當然，也有不少客人是在看到媒體報導之後，特地慕名前來的。

【未來計畫】 若有適合地點，不排斥開分店。

在一般人看來，店內的生意是相當不錯的，但老闆娘吳太太卻表示，伴隨著這幾年不景氣的影響下，店內的生意較全盛時期差了三分之二呢，但由此也可想見，之前「圓環麻油雞」的盛況人潮了。

即使目前的生意不復以往，吳太太還是表示了想開設分店的意願，但至今遲遲未能實行，主要是卡在適合的地點不好找，而且由於現場烹調的食物，口感不好掌握，開設分店之後，人員的調度上也是一大問題。

現在在忙碌工作之餘，吳太太偶而可以忙裡偷閒出國走走，開設分店倒也不是那麼急切的問題了。

▲「圓環麻油雞」第三代傳人吳太太到現在還是親自下去烹調，不假手於他人，好讓麻油雞的味道維持一定的水準。

成功有撇步

經營吃的這一行，口味是成功與否的一大重點，自然在食材上也不得馬虎，吳太太表示，即使現在材料的成本不斷地提高，但也只得自行吸收，因為一家店的口碑要建立起來，相當不容易，所以在這不景氣的時刻，寧可利潤少一點，也絕不能偷工減料。尤其，現代人對於吃可是相當的挑剔，只要口味稍有改變，緊跟著客源就會流失。

當然，經營小吃生意的確是相當的辛苦，不僅工作時間長，一切事情都得親力親為，即使是像圓環麻油雞這樣祖傳三代的老店，生意及客源早已經步入軌道，老闆和老闆娘也都還必須坐鎮在店裡處理大小事務。所以，老闆娘也提醒想踏入這一行的朋友們，可要事前先想清楚。

▲ 燉煮入味的麻油雞，光聞香味就令人食指大動。

開業數據大公開

項　　目	說　明	備　　註
創業年數	50多年	目前為第三代在經營
創業基金	約50萬	
坪數	約30坪	包含一、二樓店面
租金	7萬元	依照一般行情，應要10萬元左右
人手數目	約10人	薪資約25萬
座位數	約70人	
每日營業時數	約16小時	
每月營業天數	約29天	
公休日	不定期，月休二日	
平均每日來客數	約350～400人	
平均每日營業額	55,000元	
平均每日進貨成本	約20,000元	
平均每日淨利	約25,000元	
平均每月來客數	約11,600人	
平均每月營業額	1,595,000元	
平均每月進貨成本	580,000元	
平均每月淨利	730,000元	

※ **以上營業數據由店家提供，經專家估算後整理而成。**

進補小常識

麻油雞裡就具備了鈣質、鐵質、蛋白質等營養成分，是一道美味又滋補的傳統料理，一般我們所熟知的麻油雞主要療效就是婦女生產後用來進補的聖品。其實對於一般人而言，麻油雞也有著不錯的功效，首先，雞肉中蛋白質含量豐富，能加速耗損體力的恢復；而麻油中含有不飽和脂肪酸，可以降血壓、調整新陳代謝，對孕婦而言，則有止痛、收縮子宮的功效；老薑能夠活血、促進血液循環及食慾，米酒也具去寒活血之效。

一般人食用麻油雞可以改善氣血虛弱或手腳冰冷的情況，老年人或小孩在食用時，最好減少米酒的用量，孕婦在剛生產完時，為避免刺激傷口，烹調時則最好避免加入酒。

麻油雞

材料說明

麻油雞　雞肉是每天早上自市場訂購；麻油則是使用有百年歷史的信成麻油；薑片則是選用來自台東的老薑。通常一碗麻油雞湯中約四塊雞肉的份量。

▲圓環麻油雞是使用百年胡麻油、老薑、米酒及新鮮的雞塊烹調而成。

項　　目	所需份量	價　格	備　　註
雞肉	適量	約30元/1斤	依市價不時波動
麻油	適量	800元/1瓶	
米酒	適量	120元/1瓶	
老薑	適量	約20元/1斤	依市價不時波動

製作方式

1. 前製處理

店裡的雞湯湯底是雞骨下去熬煮；雞隻自市場購回先經由師傅切塊；薑片則是以機器削片。

2. 製作步驟

1. 倒入適量的麻油至炒鍋中。

2. 待鍋中的麻油溫熱。

3. 將切好的薑片放入鍋中以小火爆香，須不時翻動鍋底，以免薑片焦掉。

4. 放入切好的生雞塊，炒至肉變白。

5. 加入適量米酒。

6. 注入適量清水，直到完全蓋過肉塊。

7. 加入適量的雞湯湯底，並不時翻動鍋中，待滾煮後，改以小火慢慢烹調，直到肉熟即可。

8. 麻油雞成品。可依個人喜好添加味醋、鹽巴。另外店中還有麻油腰子，與人蔘枸杞雞提供饕客選擇。

DIY小技巧

湯底先另熬，可依個人喜愛，使用雞湯塊或用雞骨燉熬。準備兩隻雞腿，先將雞肉洗淨切塊，待用。老薑切成片狀，放2-3匙的麻油入鍋，再將薑片放入爆香，最後把雞塊放進鍋炒，加入適量米酒及湯底，至肉熟即可食用。

【獨家秘方】

使用擁有百年歷史的麻油，以及烹調時火候精準的掌握上，是「圓環麻油雞」傳承三代而不衰的重點所在。

【美味見證】

雖然本身就在經營日本料理店，嚐過的各國美食不勝枚舉，但是三不五時還是喜歡回到圓環這裡，嚐一嚐兼具營養與美味的傳統麻油雞。

楊先生 35歲 餐飲業

劉記四神湯

軟段滑溜的細膩口感，

搭上爽口不膩的清淡湯頭，

只加入薏仁的劉記四神湯，

絕對讓人一喝上癮！

美味評比：★★★★★	人氣評比：★★★★★	服務評比：★★★★★	便宜評比：★★★
食材評比：★★★★★	地點評比：★★★★	名氣評比：★★★★★	衛生評比：★★★★

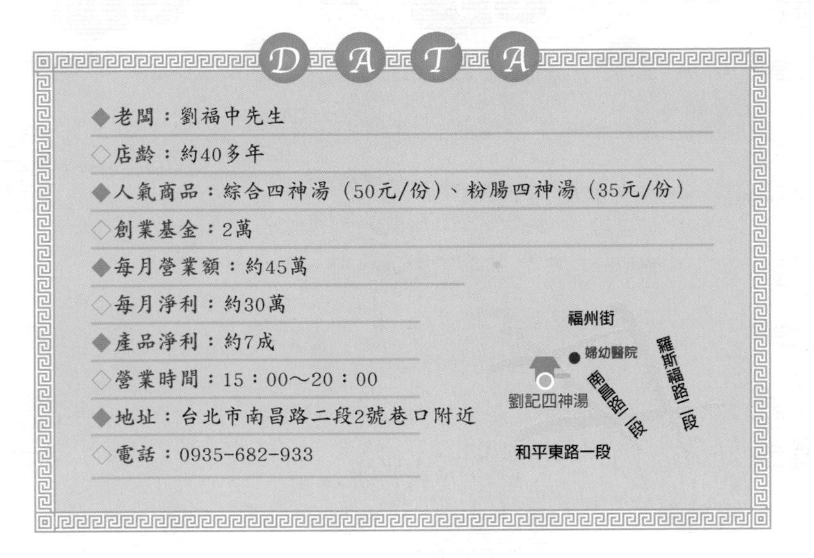

DATA

◆老闆：劉福中先生

◇店齡：約40多年

◆人氣商品：綜合四神湯（50元/份）、粉腸四神湯（35元/份）

◇創業基金：2萬

◆每月營業額：約45萬

◇每月淨利：約30萬

◆產品淨利：約7成

◇營業時間：15：00～20：00

◆地址：台北市南昌路二段2號巷口附近

◇電話：0935-682-933

或許是在一般的夜市小吃裡，經常可以看到四神湯的蹤影，所以才讓我想不透，真的有四神湯的攤子可以讓人大排長龍嗎？於是我來到了「劉記四神湯」。果真，攤子上的顧客源源不絕，想要找個空檔的時間和老闆聊聊都很難呢。而這碗四神湯到底是什麼樣的滋味，竟能有如此魅力呢？我只能形容香Q的薏仁，軟嫩滑順的肥段小腸，清淡爽口的湯頭，箇中滋味還是得親自來品嚐。

▲ 劉記四神湯的攤位位在南昌路2段2號巷口附近。

心路歷程

相信許多人都很難想像在這百業蕭條的時刻，就是有些店家的生意絲毫感受不到不景氣的影響，來到「劉記四神湯」位於台北郵政醫院附近的攤位，就看著老闆不停地在剪腸、舀湯，老闆娘則忙著將食物端上桌，兩人的手一會兒也不曾停歇，一旁還站著四、五位在等待的顧客，真不禁讓人好奇這一碗四神湯，到底是有著怎樣的魅力。

劉記四神湯的劉老闆與兒子

正當我在等待著老闆及老闆娘空閒時，一旁的客人就先跟我聊了起來了：「我可是從現在這個老闆的父親在經營時，就開始吃到現在喔！」一位中年顧客說道。

老闆劉先生一邊忙著一邊笑著應和：「許多人問我這個攤子在這裡經營了多久，由於我當時年紀還小，所以確切的時間我也答不上來，反倒是一些從我父親時代就經常來光顧的老顧客，幫我推算時間，根據一些老顧客的說法，從我父親時代到現在我接手經營，這段時間也應該有四十年了吧！」

目前的老闆劉先生為劉記四神湯第二代的傳人，從國中時候劉先生就開始跟在父親身旁，學習製作四神湯的技巧，而在退伍之後，劉先生也沒想到要從事其他的行業，便直接接手父親的工作，至今也有二十年的時間了。

每天從下午三點半開始營業，到晚上八點左右收攤，有時候甚至八點不到東西就賣完了。

在短短五個小時不到的營業時間，劉老闆及老闆娘幾乎很難有時間停下來休息一下，生意之好，連一旁的老顧客都打趣地說：「這裡的確是路邊攤賺大錢最好的範例了。」

但可別以為生意好，劉老闆夫妻倆每天就只要工作五個小時這麼簡單喔。劉老闆表示，為了維持劉伯伯時代就傳下來的道地口味，夫妻倆在製作程序上一點都不能馬虎，每天早上六點就得去市場挑貨，整個上午及下午時間都是在處理豬腸等食材，之後才是開始到攤位上販售。

所以，可別小看這碗看似簡單的四神湯，不僅用的食材與一般的四神湯大不相同，劉老闆還曾以它贏得台北市第一屆美食競賽的第二名喔！

經營狀況

【命 名】

原本叫做廣東汕頭，後來媒體直接稱為劉記四神湯。

劉老闆的父親是由廣東汕頭來到台灣，而這裡賣的也是強調廣式口味的四神湯，所以原本攤位的名稱就是以「廣東汕頭」這個籍貫命名，而「劉記四神湯」這個名稱，則是一些雜誌社在報導時所寫的，不過，劉老闆覺得這個名稱倒也蠻貼切的，

幾年下來，連他自己也已經習慣用「劉記四神湯」這個名稱來稱呼自個兒的攤子了。

【地 點】 從上一代開始維持同一地點，沒有想過要搬離。

早從劉老闆的父親在做生意的那個時代，便一直在南昌路二段這附近經營著，只不過那時還是流動攤販，必須時常面臨警察的取締，由於本身的住家也位在附近，所以劉老闆在接手經營之後也沒想過要換地點。

由於攤位的所在地點算是位於住宅區內，又鄰著幾個公家機關，走出去後則是羅斯福路、和平東路幾個辦公大樓聚集區域，熙來人攘的人潮，倒也是做生意的好所在。

沿著南昌路上這一帶的攤子，每到傍晚聚集成一個小市集，「劉記四神湯」是位在二巷巷口，而在南昌路上也有幾家攤位同樣打著四神湯的招牌，還曾經有些不明就理的客人，到了別家的攤子還以為自己是在「劉記四神湯」呢。

【租 金】 有證攤販，不需租金。

劉老闆表示現在南昌路這一帶的攤販，大多都是領有攤販證的許可攤位，每天下午二點以前，這些尚未營業的攤位都是停車位。因為是攤販的緣故，所以節省了房租的支出，每年只需繳交營業稅及所得稅即可，現在不用面臨警察的取締，做起生意也安穩得多了。（所謂的攤販證是要向市場管理處攤販科辦理攤位登記申請，在攤販辦證之後，就會有一份資料到財政部，根據地點等條件審核，通過之後則每年同樣需要繳稅。）

【硬體設備】

攤車為主要工具，價錢約在一萬至兩萬之間。

四神湯的口感主要是靠手工處理的技術，由於前置作業都是在家中先行處理，所以攤位上需要用到的生財器具相當簡單，就是攤車，幾張桌椅以及大大小小的碗盤，劉老闆表示做的是小本生意，一切用具以簡單實用為主，一台攤車約一萬到二萬之間，使用的碗盤則選擇耐用、耐熱的美耐材質，依碗盤大小，售價約介在五十至八十元不等，這些用具都可以在環南市場一帶一次購足。

食材

為了控制產品的品質，老闆每日親自到市場新鮮採買。

劉老闆表示「劉記四神湯」中所使用的薏仁，都是在附近的中藥店採買，價錢不貴，所以也不用特別去批發，而豬肚、小腸、粉腸等，則是每天一大早就前去市場批貨，由於和店家都已經相當熟識了，對方都會固定留下一些貨源讓劉老闆挑選，為了控制產品的品質，劉老闆寧願選擇多跑一趟親自去市場挑選，而不請店家直接送來，主要是因為豬肚、豬腸這些食物，若不仔細挑選容易挑到苦的，而在經過挑挑揀揀之後，真正能用的部分不多，所以自己多跑一趟也算是節省食材的另一種方法，而這些食材的價錢，則是隨著豬價波動。

【成本控制】 小本生意，薄利多銷。

目前攤位主要就是由劉老闆夫妻倆在經營著，而相當貼心的兒子則在放假時會前來幫忙招呼客人。劉老闆表示，四神湯除了重視湯底之外，另一個重點就是在豬腸、小肚等食材的處理上，所以幾乎每天早上自市場批貨回來後到營業之前的時間，都是和太太在忙著豬腸的挑選、修剪及翻油等前置作業。

我們一般人在處理豬肚、豬腸等食材時，頂多就是翻面、搓洗、去油等步驟，而劉老闆的前置處理中則加了獨門的添加物，製作起來相當費工，以前曾經請過幾個歐巴桑幫忙處理豬腸等食材，但由於這工作實在太費工了，最後歐巴桑也都沒做了，所以現在所有的工作就是劉老闆夫妻倆一手挑起，也少了人事上的支出。

劉老闆也表示四神湯這種食物是吃不飽的，所以定價也不能太貴，介於三十五元到五十元左右，靠得就是以薄利多銷來賺取利潤了。

【口味特色】 只加了薏仁的四神湯，為一大特色。

據說四神湯原名為四臣湯，後來是民間誤把四臣為四神，以訛傳訛至今。

所謂的四神指的就是中藥中的薏仁、淮山、蓮子及芡實，而「劉記四神湯」與眾不同之處，就是雖名為四神湯，但實際上卻只有加入薏仁。問起原因，劉老闆則表示從劉伯伯在做生意時就是這樣了，可能是因為有些人不喜歡中藥味太重，為了迎合大眾化的口味，所以只加入清淡的薏仁。只加入薏仁的四神湯，也已經成為「劉記四神湯」的一大特色了。

此外，四神湯的湯頭則是用大骨下去熬製，而加入的藥酒可是劉老闆的祖傳秘方，是影響湯頭口味的一大關鍵。而使用的小腸、豬肚等，則是經過多次翻面及加工的烹調手續，剪油、挑開、去除尿騷味、剩下滑溜不膩的部分，再搭配上精燉慢熬的湯汁，所以吃起來才會特別的美味。

▲粉腸口味的四神湯（右上）、小肚口味的四神湯（中間）、小腸口味的四神湯（下）。

「劉記四神湯」共有小腸、小肚、粉腸、豬肚以及綜合口味等選擇，當初會有綜合口味的產生，主要是劉太太為了方便讓客人可以一次品嚐而提議的。

【客層調查】 老顧客、附近居民、上班族皆為客源。

根據劉老闆的說法，在劉伯伯做生意的時代，上門的客人主要為計程車司機或是一些勞工階層，而現在的客層則較廣，除了一些老顧客之外，附近的上班族及公教人員都是主要的客源。而隨著捷運的通車，也有許多人是看了電視或雜誌的報導，特地搭捷運前來。

提到了老顧客，劉老闆也表示很多顧客都是從劉伯伯經營時就時常光顧，年紀都比他來得大些，有些事情他自己根本已經記不得了，反而都是從這些老顧客口中得知。

而一些移民國外多年的老顧客，每次回來台灣第一件事，就是趕緊來到「劉記四神湯」報到，在攤子上吃了三、四碗之後，走時還外帶了四、五碗。劉老闆也特別強調，這裡的豬腸、豬肚都經過特別去油處理，不用擔心脂肪過高，對健康也不會造成問題。

【未來計畫】 工作辛苦，無餘力再設點。

劉老闆接手父親的生意，轉眼間也已經有二十年的時間了。是否會讓兒子繼續接手經營，劉老闆說目前也還沒個準，主要還是要看孩子本身是否有興趣，不過目前還在就學的兒子每到假日都會前來攤位幫忙，也讓劉老闆夫妻倆感到貼心不已。

▲ 才剛開始營業，攤位上就已經聚集了許多顧客。

由於每天光是處理食材的前置作業就花上了大半天的時間，有時製作出來的食材份量，不到晚上八點就賣完了，所以即使是生意不錯，劉老闆也表示沒有餘力再另外設點了。而祖傳的獨門秘方，目前他是不打算外傳，想品嚐劉記四神湯獨特風味的人，還是得親自來南昌路走一遭。

開業數據大公開

項　　目	說　明	備　　註
創業基金	20,000元	
坪數	攤位無坪數	
租金	無	攤車
座位數	約30人	
人手數目	2人	
平均每日營業時數	約5小時	
平均每月營業天數	約26天	
公休日	星期日	
平均每日來客數	約250-350碗	
平均每日營業額	15,000元	
平均每日進貨成本	約2,500元	
平均每日淨利	約12,000元	
平均每月來客數	約9,000碗	
平均每月營業額	約390,000元	
平均每月進貨成本	約65,000元	
平均每月淨利	約300,000元	

※ **以上營業數據由店家提供，經專家估算後整理而成。**

成功有撇步

看到劉記四神湯攤位上的川流不息的人潮，就可以了解到小吃這一行只要經營得道，的確會有不錯的收入，只不過背後所花費的心力，一般人比較難以去體會，劉太太就透露她曾經在處理豬肚時，累到一邊做一邊打瞌睡呢。在公司行號上班與自己創業做頭家，各有各的辛苦之處，擺路邊攤雖然成本低，但時時要受到風吹日曬之苦。在這不景氣的時刻，有許多人想要投身創業之路，劉老闆也提醒大家要先考慮清楚，以免投注心力與金錢之後，才發覺不適合而得不償失。

進補小常識

四神湯中的四神指的是薏仁、淮山、蓮子、芡實四種材料，是屬性溫和的中材藥。其中含有豐富纖維質，能幫助腸胃蠕動、補脾益氣、健胃、止瀉，對胃腸消化有極大的益處，經常食用不但可以養身，對皮膚也相當的好。

當中的薏仁可健脾補肺，芡實可補脾止瀉、固腎澀精，淮山可健脾固腎，蓮子則可益腎固精、養心安神，脾胃功能不好者，也可以多吃四神湯。但是懷孕的婦女，則盡量避免食用，有些人因為體質不適合，喝多容易導致流產。

【做·法·大·公·開】

四神湯

材料說明

四神湯　小腸、粉腸、生腸、小肚等食材，每天自環南市場購買，自行加工處理；藥酒則是加了祖傳的獨家秘方；薏仁至一般中藥行採買即可。

▶劉記四神湯使用的材料有特製藥酒、薏仁、豬肚、粉腸、小腸、生腸以及小肚。

項　目	所需份量	價　格	備　　註
小腸/粉腸/生腸/小肚	適量	約70元/斤	不時會依豬價波動
藥酒	適量	自製	
薏仁	適量	約100元/斤	依等級不同，價錢有所不同

製作方式

1. 前製處理

高湯是使用大骨下去燉熬；小腸、粉腸、生腸、小肚等食材，則經過多次翻面、修剪、去油等步驟，並加入了自製的添加物（老闆說這是秘方，抹在豬腸等食材上，讓口感吃起來更滑順），處理過後再直接放入高湯中煮熟備用；薏仁則是直接放入高湯中煮熟備用。

2. 製作步驟

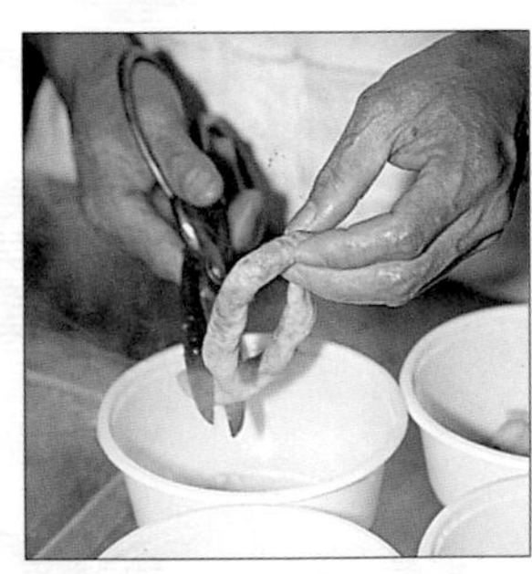

1. 取適量小腸剪段至碗中。

2. 取適量粉腸剪段至碗中。

3. 取適量生腸剪段至碗中。

4. 取適量豬肚剪段至碗中。

5. 加入煮熟薏仁及高湯至碗中。

6. 加入適量的藥酒調味，即完成。

7. 綜合口味的劉記四神湯，加入了小腸、粉腸、生腸及小肚。

DIY小技巧

先用豬骨熬製高湯，再處理豬肚或豬腸（豬肚由內往外翻，以鹽白醋或可樂洗淨，豬腸可用鹽或白醋抓洗）。豬腸等食材切段後，放入水中川燙取出。再將四神湯藥包（可買現成產品）放入骨湯中一起熬煮，最後將豬肚、豬腸食材放入即可。

【獨家秘方】

祖傳秘方的藥酒以及處理豬腸等食材的繁複手續，是讓人「劉記四神湯」讓人一喝上癮的最大關鍵。

【美味見證】

這裡的四神湯，湯頭相當好喝而且不膩，最重要的是價錢便宜，小碗的一碗才35元，而且老闆還會很熱心地問客人要不要多加一些湯，每天下班後幾乎都會繞道這裡吃一碗四神湯。

丁小姐（30歲，上班族）

Information

附 錄

- 店家總點檢
- 補品小吃創業成功守則
- 中藥材介紹
- 中藥行介紹
- 冬令進補概論
- 珍貴藥方輕鬆補
- 全台夜市吃透透

店家總點檢

中國的藥膳飲食源遠流長，早在春秋戰國時代著名的醫學典籍「皇帝內經」即對飲食養生做了有系統的闡述。延續至今，只要提到養生保健，不少人都會聯想到中藥藥膳，而藥膳兼具治病及強身的功效，也普遍存於一般人的觀念中。

尤其天氣一轉涼，冬令進補也成爲一般民眾由來已久的習俗。不過，並不是只有在冷颼颼的冬天才適合進補喔，傳統中醫所強調的養生應該是順應著四季變化來調整藥膳食材，所以現在許多藥膳料理都是一年四季皆宜，即使在炎熱的夏天來上一碗滋補的調理藥膳，也不會感到燥熱。

此次特別以養生食補爲主題，採訪了各類藥膳美食，提供有心創業的人士做爲參考，此次我們採訪的十家店，有的是傳承數十年的老店，有的是老闆因緣際會下自行創業。經由下面的整理，讀者可以更加清楚地明白這些店家的特色與成功之道。

【元祖當歸鴨】

老闆娘蔡小姐在台北東區經營「元祖當歸鴨」已經十九年了。一開始營業時是以攤車的方式經營，後來則是因為大安路拓寬的緣故，便往內遷移店面。在寸土寸金的東區，附近的租金行情，約十坪大小的空間，租金介於五至六萬元之間。

而所需要用到的烹調設備則相當簡單，主要的攤車約一萬多元在環河南路的批發市場即可購得，想自行開業的人，扣除店租之後，準備個十萬元左右就差不多了。

創立資本	約3萬元
月租金	2萬5千元
每月營業額	約63萬元
每月淨利	約46萬元
加盟與否	無

【小德張羊肉爐】

創立資本	約100萬元
月租金	無
每月營業額	約180萬元
每月淨利	約90萬元
加盟與否	無

一提到「小德張羊肉爐」，在台北永和地區可是赫赫有名，開業十年，累積的客源不僅涵蓋了整個大台北地區，還有許多人是從中南部遠道慕名而來。

只要天氣一轉涼，店門口都是大排長龍的人潮，而店裡的特別選用紐西蘭進口羊肉，不但肉質鮮美，還沒有難耐的腥羶味，除了招牌的羊肉爐之外，菜單中二百多種南北菜色，也是吸引顧客上門消費的主要原因。

【元祖燒酒蝦】

「元祖燒酒蝦」在華西街夜市裡已經有二十一年的歷史了，由於緊鄰古蹟龍山寺，所以在早期這一帶就有絡繹不絕的人潮，到民國七十年代，華西街被規劃成國際級觀光夜市，現在不論晴雨，夜市內都是燈火通明。而店裡的活蝦料理首重新鮮，所使用的蝦子都是由蝦場直接送來，每斤價格約二百多元，比市面上的價格足足多上一倍，成本相對的提高許多。

創立資本	約50萬元
月租金	無
每月營業額	約54萬元
每月淨利	約39萬元
加盟與否	無

【四季補藥燉排骨】

創立資本	約3萬元
月租金	約8萬元
每月營業額	約120萬元
每月淨利	約62萬元
加盟與否	無

「四季補藥燉排骨」在內湖地區已經經營了十四年，最初鄭老闆就是由一台攤車起家，之後再轉而改以店面經營。由於店裡的藥材會依季節不同來更換，夏天是清爽的涼補，冬天則是暖身的熱補，所以店裡的藥膳排骨是一年四季皆宜。

目前，店裡共請了八位工作人員來負責店內的工作，由於店裡營業時間長，分成早晚二班制，每個月光是在人事方面的開銷，約在二十到三十萬元間。

【有緣養生五行補益餐坊】

「有緣養生五行補益餐坊」的養生藥膳皆是依四時節氣設計出春生養肝、夏長養心、秋收養肺、冬藏養腎的菜色，不只考慮到食材性質，也兼顧到五味的配合。

開業至今四年多，已經推出過二百多種的菜色，目前也有二處加盟點。林老闆對於加盟者收取五萬元的加盟金，並提供加盟者二百多種的菜單選擇以及烹調教學，不過主要的藥汁則是另外計費。

創立資本	約80萬元
月租金	約4萬5千元
每月營業額	約52萬元
每月淨利	約31萬元
加盟與否	可，洽林老闆 (02) 2502-3125

創立資本	約50萬元
月租金	無
每月營業額	約60萬元
每月淨利	約40萬元
加盟與否	無

【佳味薑母鴨】

位在車來人往的市民大道上，羅老闆所經營的這家「佳味薑母鴨」，開業至今已有五年的時間。

不同於一般連鎖店家以薑汁入湯的烹調方式，店裡的烹調方式是先以薑片加入藥材，悶炒二到三個小時左右，讓薑片和中藥味融合，而鴨肉則是另外燉煮。每年在九月之後，鴨子體肥味美，最適合品嚐，而店裡也大約是從農曆八月中秋節過後，才會開始營業。

【林記藥膳土虱】

「林記藥膳土虱」已經有二十五年歷史，是板橋南雅夜市中的老字號店家。

老闆表示店內生意好時，光是當歸枸杞土虱，一天就可以賣出一、二百斤，平常的時候至少也能賣出一百五十斤。由於店裡的土虱都是當場處理，再放入中藥湯底裡熬煮，所以土虱嚐起來肥嫩不腥，加入十六種藥材的湯頭，也顯得爽口甘甜。連年輕的學生族群都成為店裡的主力客源之一。

創立資本	約50萬元
月租金	3萬5千元
每月營業額	約66萬元
每月淨利	約44萬元
加盟與否	無

【順益滋膳阿媽補】

「順益滋膳阿媽補」的老闆娘，最初只是在自個兒住家設個招牌，就開始做起生意。但之後藉由顧客間的口耳相傳，讓生意漸漸的拓展開來，後來便搬到位在錦州街的店面，而當初光是在店內的裝潢及設備上的花費就超過了上百萬元。

店裡的藥膳料理相當出名，尤其是招牌的何首烏帝王雞，不僅湯頭喝起來香濃回甘，而且雞肉吃起來也鮮嫩不澀，曾經吸引許多名人前來品嚐。

創業資本	約100萬元
月租金	無
每月營業額	約51萬元
每月淨利	約36萬元
加盟與否	無

【圓環麻油雞】

擁有五十多年歷史的「圓環麻油雞」，早在圓環經營時期即有相當的口碑，之後雖然搬移到寧夏路上，但仍是延續圓環時期的盛況人潮，主要的原因就在於店裡的口味及用料絕對是真材實料，像是麻油就是選擇有百年歷史的麻油，連老薑也是來自專門產薑的台東。

店內的麻油雞湯、腰子及魯肉飯都廣受顧客的喜愛，尤其魯肉飯除了有祖傳三代的特殊配方外，還加了香醇的麻油，所以許多顧客嚐過之後還會一再上癮呢！

創業資本	約50萬元
月租金	7萬元
每月營業額	約159萬元
每月淨利	約73萬元
加盟與否	無

【劉記四神湯】

創業資本	約2萬元
月租金	無
每月營業額	約39萬元
每月淨利	約30萬元
加盟與否	無

目前的老闆劉先生為「劉記四神湯」第二代的傳人，從國中時候就開始跟在父親身旁學習，自退伍之後，便直接接手父親的工作，至今有二十年的時間了。劉老闆在處理食材的過程中，加了祖傳的添加物，所以豬腸等食材嚐起來香軟不膩，而且只加入薏仁的四神湯，湯頭喝起來也清淡爽口，深受顧客喜愛，所以每天從下午三點半開始營業，有時候八點不到東西就賣完了。劉老闆還曾以這碗四神湯贏得台北市第一屆美食競賽的第二名！

補品小吃創業成功守則

中國人講究吃舉世皆知，大到滿漢全席，小到夜市路邊攤，在在顯示出中國人飲食文化的博大精深。尤其是「吃」在台灣更是一件幸福的事，大街小巷、夜市裡的路邊攤美食，不僅打破季節之分，匯集了各國佳餚，更以平民化的價格提供一般人美味享受。

而面對持續低迷的不景氣，許多人都萌生自行創業的念頭，而小吃這一行更成了眾多轉業者的首選。在「民以食爲天」的觀念之下，從事與食物相關的工作，似乎是最穩賺不賠的行業。但是面對市場上琳瑯滿目的各式餐飲店，三五步就一攤的小吃攤，如何經營才能成爲其中的佼佼者，想要當老闆的你又應該要怎樣做才能成爲成功的頭家？在採訪的過程中，一些老闆們的共同經驗，或許可以作爲創業時的參考：

1. 先熟悉產品進而創新

不管你是要選擇從事哪一種小吃，在入行前先熟悉自己的產品是絕對必要的。在此次採訪的店家中，幾乎每一位老闆不是傳承自祖傳數十年的手藝，就是親戚朋友本身就是從事相關的行業，間接透過這層關係從中學習，再加上自己的改良，進而精益求精地建立起自己產品的特色。

像是「圓環麻油雞」以及「劉記四神湯」都是傳承二代以上的老店，而數十年經驗所累積下來的獨門秘方，便是造就店裡不墜口碑及人氣的重要原因。

而「林記土虱藥膳」的林老闆、「元祖燒酒蝦」的紀老闆以及「四季補藥燉排骨」的鄭老闆，這幾位都是由於之前自己的親戚就是在經營同樣的事業，所以本身對於吃的這一行就相當熟悉，而一些烹調的技術及資源直接從親戚那裡轉移過來，也省去了他們一大段摸索的時間。

若沒有祖傳淵源或是親戚的傳授，則就得靠自己下功夫去鑽研學習或是多方面的拜師學藝。

「佳味薑母鴨」的羅老闆本身從水電工程的工作轉而經營

起薑母鴨，除了本身對於烹飪有著一定的基礎之外，在開店之前也先去跟經營薑母鴨朋友學習了一陣子，同時去了解市面上一般薑母鴨店的烹調手法，從中找到不同之處，進而建立起自家的獨特口味。

而「元祖當歸鴨」的蔡小姐及「順益滋膳阿媽補」的老闆娘，都是經由自己不斷地學習改良食物口味之後，最後才邁向創業之路。

2. 具備吃苦耐勞的精神

鄭老闆（四季補藥燉排骨）表示，經營吃的這一行的確是相當的辛苦，要有過人的體力與耐力，雖然僱請了工作人員幫忙，也不能完全放手店內的生意。

「劉記四神湯」的劉太太也提到為了維持店裡的道地口味，到現在一些食材上的處理，仍是堅持一切自己動手，每天一大早就得去市場挑選食材，之後還要經過挑選、修剪、翻面、去油等一道道繁複的手續，而自己還曾經累到邊做邊打起瞌睡了。每天整個早上及中午的時間幾乎都是花在食材的處理上，然後才是去攤位上開始販售，所以別以為營業時間只有短短的五個小時，背後所付出的心力及時間是一般人看不見。

而「佳味薑母鴨」的羅老闆，每天光是營業前的時間，就得花上

二、三個小時炒羹，手拿著幾斤重的鍋子，站在熱騰騰的爐台前，十分耗費體力。而在店裡營業時間結束之後，又得趕赴批發市場購買新鮮的食材，從市場回來之後為了維持食材的鮮度，還得先經過整理一番。所以往往到了凌晨四點多，才是他們休息的時間，開店的日子幾乎都是過著日夜顛倒的生活。

許多人在進入小吃這一行時，往往看到的只有一般營業時間，而沒有考慮到背後還需要付出相當多的時間去準備，所以在實際接觸後，才會發現不但工作時間超過了一般上班族，工作內容從烹調到接待客人，十分繁瑣。所以想要當個稱職的頭家，還是先想想自己是否有足夠的耐力吃得了苦吧！

3. 對市場評估分析

許多老闆都表示開店成功與否的重要關鍵就在於地點的選擇以及顧客的定位上。

「林記藥膳土虱」的林老闆，當初在找尋店面地點時便跑遍了台北縣市，才決定在板橋南雅夜市裡落腳，當初他就是看中這個店面位於夜市內又接近學校，地點熱鬧又兼具人潮才決定在此開業。「圓環麻油雞」現在位於寧夏路的店址，也是為了延續圓環夜市的人潮，特別循著過去圓環夜市的延伸路線而選定的。而「四季補藥燉排骨」的鄭老闆當初在擺攤時，即是看中了民權東路六段一帶位在交流道口附近，可以吸引一些過往人潮，同時又鄰近住宅區，擁有潛在的消費族群。而同樣位在錦州街上「順益滋膳阿媽補」以及「有緣五行補益養生餐坊」，則是因為考量到附近的顧客大多為上班族，而特別針對客層推出了套餐形式的養生藥膳。

許多老闆都表示適當的店面地點難尋，不僅要考量到人潮還要兼顧租金的支出，這也可做為大家在創業前的參考。

4. 對品質的堅持

堅持品質，真材實料，是許多經營有成的店家所共同持有的信念。「圓環麻油雞」的老闆娘，提到店裡的麻油雞雖然是寧夏路上這一帶最貴的，但他敢打包票，店裡使用的材料以及份量絕對是真材實料，物有所值，所以顧客雖然嘴上抱怨價格太貴，但在附近衆多店家當中，最後還是會選擇來到「圓環麻油雞」用餐。

而「元祖燒酒蝦」內所使用的活蝦都是從南部的產地直接運送上來，光是進價就比一般市場上貴上一倍多，而蛤為了維持鮮度也是使用空運進口的產品，即使所花費的成本較高，但在堅持新鮮的品質把關之下，還是為店裡帶來源源不絕的顧客。

「小德張羊肉爐」所使用的羊肉都是從紐西蘭進口的高級羊肉，每公斤就要二百多元，價格比一般國內的羊肉還要來得貴些，但鮮嫩不腥羶的肉質口感，卻也為店裡的羊肉爐建立了口碑。「劉記四神湯」的劉老闆到現在在食材的處理上，還是不假他人之手，為的就是要維持祖傳道地的口味及口碑。

一家店要能夠永續經營，老闆對於品質的堅持及執著，是值得大家在創業時學習的。

中藥材介紹

1. 紅棗

性平，味甘甜。能補中益氣、養脾胃、潤心肺，調和各藥材的藥性。紅棗富含維生素，具抗菌效果，但食用過量易引起肚子漲氣及蛀牙。

2. 枸杞

味苦、性寒、無毒。具有明目、補虛益腎以及養肝的功用，多半用於血虛萎黃、腎精不足、遺精消渴、腰膝酸軟、頭暈目眩等症狀。

枸杞具有降血糖、降低膽固醇，促進免疫功能，增強抗病能力，促進造血等多項功能。

3. 甘草

味甘，性平。具有潤肺補氣、保健脾胃、止渴消腫、緩急止痛的功能，多半用於氣虛倦怠乏力、氣虛血少、咽喉腫痛、咳嗽痰多、肺熱咳喘等症狀。還可用來緩和十二指腸潰瘍，增強腎上腺素，抑制胃液分泌，抗炎、抗過敏性反應，鎮咳、保護咽部黏膜，減輕刺激以及抗癌。

4. 人蔘

可以強化身體各部份功能，幫助新陳代謝、加強抵抗力、強壯身體、消除疲勞、補五臟，現代通常用來治虛弱體質、貧血、強心、虛咳、糖尿病、手足冰冷者。感冒時、身體有發炎症狀時或婦女經期來時，都不可服用。

5. 何首烏

味苦、甘、澀，性微溫。有益精血、補肝腎、解毒、潤腸通便的功能，通常用於肝腎不足、頭目眩暈、鬚髮早白、腸燥便秘等症狀。現代用於降血脂、降低血清膽固醇，減輕動脈硬化，對治療腰痛、肝臟滋養、氣血補養、冠狀動脈硬化性心臟病有顯著功效，同時能增強記憶力，調節心臟機能，增強機體的免疫功能，抑制癌細胞生長，對造血系統有促進作用。

6. 川芎

味辛、性溫。能活血、疏通血絡、養新血，能止痛、化瘀、抑制血小板聚集。川芎具有補養和潤澤肝臟機能的效用，傳統用來治療風冷頭痛、腹痛月經不順、眩暈、目淚多涕、產後瘀痛以及感冒頭痛等症狀。現代則用於冠心病、心絞痛及缺血性腦血管疾病。

7. 黃耆

味甘，性微溫。傳統用於補中益氣、利水退腫、調節汗排泄，治療陰虛火熱、瘡傷不癒等症狀。現代則用來強心，增強心臟收縮能力，抗腎上腺素及擴張血管，增強免疫功能。有胸腹氣悶、胃有積滯、肝氣不和等症狀，則要避免以黃耆進補。

8. 當歸

味甘、苦、辛，性溫。能促進血液循環、幫助子宮收縮、活血化瘀、潤腸胃、光澤皮膚，對婦女身體補養有很好效果。當歸內含精油類成份，同時具有抗痙攣、鎮靜的作用。而當中的多醣類成份，則能增加免疫力。現代則多用於冠心病、心絞痛、血栓閉塞性脈管炎等疾病。

9. 薏仁

味甘、性寒。能利水、健脾胃、潤膚清熱排膿等功效，是常用的中藥，又是普遍、常吃的食物。薏仁油還有興奮、解熱的作用，對於癌細胞還可以抑制成長。薏仁容易引起流產，所以孕婦不宜使用。

Information

10. 羅漢果

味甘淡，性微寒，益肺、脾經脈。用於腸熱便秘，有潤腸通便之效，用於肺熱咳嗽則能止咳平喘，可治百日咳。胃寒弱、肺虛喘者，儘量避免食用。

11. 黨參

味甘、性平、無毒。可補中益氣、補血、調和脾胃，對調理因疲累所引起的消化不良，十分有效。傳統用於血虛萎黃、眩暈、心悸失眠、病後羸弱、耳鳴耳聾、頭目眩暈、腰膝酸軟、月經不調、腎陽不足、盜汗遺精等症狀。現代則用於強心、降血糖，能舒張血管以及增強腎上腺皮質素，同時還具有安胎、治療產後疾病及補虛勞的功能。

12. 杜仲

味甘，性溫。有補肝腎、強筋骨、安胎的功能。傳統用於腰脊酸痛、腳膝無力、陽虛遺精、尿頻、腰部閃傷、胎動不安等。現代則用於高血壓病、強心鎮痛、利尿、抗炎、降低血清膽固醇的作用。

13. 桂枝

味辛、甘，性溫。具有溫暖腸胃、利水、散寒解表、溫經止痛、助陽化氣的功能，多半用於外感風寒、發熱惡寒、經閉腹痛、痛經、心悸以及小便不利等症狀。現代則用於發汗解熱，擴張皮膚血管，促進汗腺分泌、抑菌抗病毒、鎮靜鎮痛、利尿等功能。桂枝能促進血液循環，但孕婦應避免服用。

14. 銀杏

可改善頻尿、吐痰困難等症狀。具有定喘咳、治哮喘、痰嗽、白帶、白濁、遺精之效，也可用於肺結核、支氣管炎、慢性氣管炎的治療。而銀杏葉可促進血流循環、防止血液凝集、增進神經細胞代謝功能及防止自由基等功能。

Information

中藥行介紹

【北部地區】

六安堂參藥行
地址：台北市迪化街一段75號
電話：（02）2559-8599

怡源國藥號
地址：台北市富民路145巷15弄52號
電話：（02）2309-5449

進興堂蔘茸行
地址：台北市歸綏街281號
電話：（02）2553-8968

鼎晟藥行
地址：台北市迪化街一段150號
電話：（02）2553-8679

川元蔘藥行
地址：台北市迪化街一段162號
電話：（02）2553-3715

信榮蔘茸行
地址：台北市民生西路370號
電話：（02）2571-7080

姚德和青草號
地址：台北市民樂街55號
電話：（02）2558-5389

乾元參藥行
地址：台北市迪化街一段71號
電話：（02）2559-1041

百昌堂蔘藥行
地址：台北市迪化街一段77號
電話：（02）2556-2851

連晟有限公司
地址：台北迪化街一段266號
電話：(02) 2553-8566

老成記藥行
地址：台北市迪化街一段95號
電話：(02) 2556-6678

正道行藥膳坊
地址：台北縣新莊市五工三路70巷28號1~2樓(五股工業區)
電話：(02)2299-1500

裕成藥行
地址：桃園市縣府路240號
電話：(03) 334-4066

【其它地區】

吉昌中藥行
地址：中壢市五族街137號
電話：(03) 494-1193

中正蔘藥行
地址：宜蘭縣羅東鎮中正路55號
電話：（03）954-3525

仁昌中藥行
地址：宜蘭縣羅東鎮和平路89號
電話：（03）954-2301

民生堂中藥房
地址：宜蘭縣羅東鎮和平路41號
電話：（03）954-2907

同仁堂藥房
地址：宜蘭縣羅東鎮長春路7號
電話：（03）954-2779

同億中藥行
地址：宜蘭縣羅東鎮中正南路141號
電話：（03）956-7223

弘發藥行
地址：苗栗市至公路6巷2號
電話：(037) 356-256

達生藥行
地址：台中市美村路一段253號
電話：(04) 2302-1059

天仁堂蔘藥行
地址：台中縣大里市塗城路777號
電話：(04) 2492-5805

得鼎中藥行
地址：台中縣大里市益民路一段183號
電話：(04)2482-9579

德記藥行
地址：彰化市南瑤路392號
電話：(047) 222-657

大德藥行
地址：雲林縣斗六市太平路22號
電話：(055) 322-684

久代貿易有限公司
地址：雲林縣斗南鎮忠義街57號
電話：(055) 961-119

順仁藥行
地址：嘉義縣民雄鄉建國路三段236-31號
電話：(05) 221-5766

福春藥行
地址：台南縣佳里鎮勝利路135號
電話：(06) 722-1346

久順藥行
地址：台南市文南二街4號
電話：(06) 264-5965

民生藥行
地址：高雄縣鳳山市三民路86號
電話：(07) 746-0129

晉源藥行
地址：高雄市三民區松江街337號
電話：(07) 313-9988

冬令進補概論

在早期的農業社會，冬令進補代表著特殊的意義。據說在農業社會時代，農民辛苦了一年，只有到了冬天，才能稍微閒適下來，於是想到在天氣轉涼之際，應該好好來保養自己的身體，以便有更強的耐力度過寒冬，迎接來春。另一方面，由於秋收剛過，也可以藉這個機會慰勞大夥一年來的辛勞，因而產生了「冬令進補」的觀念。而冬令進補也進而成為民間的習俗，一代一代地傳下來，即使在現代社會，每到冬天，一般人也都免不了要為自己「補一補」。

現代人營養攝取相當豐富，日常生活中多食大魚大肉，經常有機會進補。在這個普遍營養過剩的時代，冬令進補已經不具以往般的意義，而現代的進補更不能一味採用傳統的方式，否則不僅不容易達到食補效果，甚至未得其利卻先受其害。因此如何挑選合適的冬令補品，適時適量地調補一下身體，藉此來防止疾病，促進健康延壽，才是正確的進補觀念。想要健康進補，不妨可以參照以下幾個原則：

（一）依照體質進補

就是針對自己的體質以及健康狀況進補，像是脂肪過高的人就要避免雞皮、鴨皮等油脂過高的食材，在麻油的使用量上也要減少。而中醫所強調的「虛則補之，實則瀉之」指的就是針對個人體質來進補，若是體質偏寒涼，手腳容易冰冷、抵抗力弱者，都適合在冬天裡利用藥膳來補補身子，而若是一些高血壓患者、心臟病、感冒發燒的人，則需要以溫和的方式進行食補。而進補的藥材是沒有熱量的，由於每人體質不同，所需食補藥材也不同。一般來說年紀較大的人是以補腎為主，有過敏體質者則以補氣為首，體質熱的人，吃麻油雞等熱補食品，會造成頭痛、喉嚨、牙齦痛等症狀，感冒咳嗽的人進熱補，也會出現咳不出來痰來等症狀。

(二)控制食量

現代人的蛋白質、脂肪及熱量通常都攝取過量，因此進補時要控制食量，而且應該選擇瘦肉，雞皮、鴨皮等動物性的皮脂，油脂含量高，在烹調前最好先行去除。但是一般人在冬天往往會不自覺的吃的太多，少吃點油炸的東西及甜食，高熱量的堅果類也不要吃得太多。

(三)減少熱量及脂肪的攝取

進補時通常以含豐富蛋白質、脂肪的雞、鴨等為主要食材，燉補時再加上酒或麻油等高熱量調味料，會讓食物的熱量變得更高。所以，糖尿病患者或高血脂等患者，要特別注意減少攝取過多的油脂，在烹調前，可以將肉類的皮及肥油去除再下鍋烹煮或是先將肉過油燙熟後再行烹煮，而湯頭最上層的浮油也要先過濾掉。而內臟類的膽固醇含量高，補品中最好也要避免添加動物內臟。

（四）可以搭配高纖食物或蔬菜

過去進補多是以大魚大肉為主要食材，而現代人常常有機會進補，所以冬令進補已經沒有像以前一樣那麼重要。如果說有缺乏，應該也是缺乏蔬菜、水果的維生素、礦物質。所以現代人進補，可說是應以蔬果為主，像是新鮮的蔬果或其他含高鐵的食品，能幫助腸道正常的蠕動和排泄，降低食物脂肪的吸收，及降低血中膽固醇的濃度。

（五）雖然是進補，但也有些人是不適合吃補的：

1. 減肥者：儘量選擇魚類、吃肉前先將皮或脂肪去掉、將湯上層的油撇掉再喝、多吃蔬菜、水果等高纖食品。
2. 心血管疾病者：高血壓患者、心臟病患者、動脈硬化者。糖尿病患者應選擇脂肪較少的肉類、攝取均衡飲食、避免食用過多肉類。高血脂症患者應禁食肥肉、盡量選擇魚類、不喝含油量高的補湯、多吃蔬果等高纖食物（有助降低膽固醇）。高血壓患者勿喝太鹹的湯（湯中最好不要加鹽）、湯溫勿太高、選擇低脂肉類、勿吃太多加工品並減少沾醬的使用。

3. 腎臟病患者：腎臟病患者吃了補藥會影響腎臟的功能，增加腎臟的負擔。 所以不要喝燉煮過久的濃湯以及雞精、少吃香菇、內臟以及乾豆類、多喝水、避免喝酒以及吃過多肉類和豆製品。
4. 失眠者：因為吃了補藥之後精神會越好，反而更睡不著。
5. 腸胃疾病患者：尤其是胃潰瘍患者、十二指腸潰瘍患者，因為藥膳不好消化，反而會越補越糟。
6. 產後之女性：通常婦女在產後身體較為虛弱，所以需要靠坐月子、吃補藥來調養。
7. 開刀病患：還有開刀後的病人，身體會特別虛弱。
8. 腸胃不佳者：腸胃吸收不良、容易感冒，也可以用食補來改善。
9. 抵抗力較差者：一般抵抗力較差、容易感冒的人。
10. 過敏體質者：例如氣喘、鼻子過敏病患。
11. 血液循環不良者：冬天容易手腳冰冷、畏寒。
12. 神經內分泌疾患：容易疲倦、畏寒、手腳冰冷。
13. 陽虛體質者。

珍貴藥方輕鬆補

1 帝王何首烏雞

配方與材料：

何首烏2兩、黃耆8錢、當歸2錢、川芎2錢、紅棗5錢、桂枝2錢、烏骨雞1隻。

作法：

先將何首烏、50cc米酒、適量的水熬汁作湯底。

將雞洗淨、切塊備用，於燉鍋中先放入藥材，再放入雞肉排列整齊。另外加入少許酒，將肉燉熟即可。

2 羊肉爐

配方與材料：

羊肉2斤、老薑2塊、當歸2片、枸杞1大匙、黃耆5片、高麗菜半個、米酒2瓶。

沾料：豆腐乳2塊、糖1大匙、蒜末1大匙。

作法：

先將羊肉入鍋中川燙備用，將藥材放入鍋中、倒入3碗水以及米酒，煮約1小時，再將羊肉放入，待肉熟入味即可。

3 麻油雞

材料：

雞1隻、 米酒1瓶 、薑10 片、麻油1大匙 。

作法：

把老薑切片，雞肉洗淨川燙備用。麻油倒入鍋中炒熱，接著放入薑片、雞肉拌炒至雞肉六分熟，再放入米酒炒勻至肉熟即可。

4 藥燉排骨

材料：

當歸2錢、熟地3錢、川芎2錢、枸杞2錢、桂枝2錢、山藥2錢、蔘鬚2錢、紅棗2錢、排骨600公克、米酒2瓶。

作法：

將排骨川燙後，加入米酒2瓶、水5杯，連同藥材一起放入鍋中燉煮。大火煮開後，改小火燜煮約90分鐘，至排骨熟爛即可。

5 燒酒蝦

配方與材料：

紅棗2錢、枸杞2錢、黨參2錢、黃耆5錢、川芎2錢、甘草3錢、肉桂2錢、陳皮2錢、米酒1瓶、蝦2斤。

作法：

將藥材料放入鍋內，加入米酒及適量水以小火煮20分，讓藥材入味即可。煮沸之後，再放入蝦子，等蝦變紅色即可熄火。

6 薑母鴨

配方與材料：

老薑1斤、麻油約2碗、鴨子半隻、高麗菜1顆、米酒半瓶。

作法：

把老薑切片，鴨子洗淨川燙備用。將麻油倒入鍋中，熱鍋後加入薑片爆香，再將川燙過的鴨肉加下去炒，倒入半瓶米酒，待米酒煮滾後，就可以加入高麗菜及水一起滾，至肉熟即可。

7 雙果人蔘雞

配方與材料：

天仙果2兩、羅漢果2兩、紅棗適量、人蔘適量、雞肉1隻。

作法：、

在鍋中加入所需的藥材及適量水燉熬成湯底備用，將雞肉洗淨川燙後，放進鍋中，倒入湯底，再加入適量的紅棗及人蔘鬚提味，悶煮約20分，讓雞肉熟爛入味即可。

8 當歸鴨

配方與材料：

紅棗2兩、當歸1兩、黑刺參3小條、鴨子半斤、米酒1杯、薑3片。

作法：

鴨肉切塊後川燙備用。在鍋中加入紅棗、黑刺參、當歸、米酒、薑等材料，以中火煮20分鐘，再將鴨肉放入，待肉熟入味即可。

9 藥膳土虱

配方與材料：

土虱4塊、當歸3錢、枸杞3錢、熟地一片、米酒2杯。

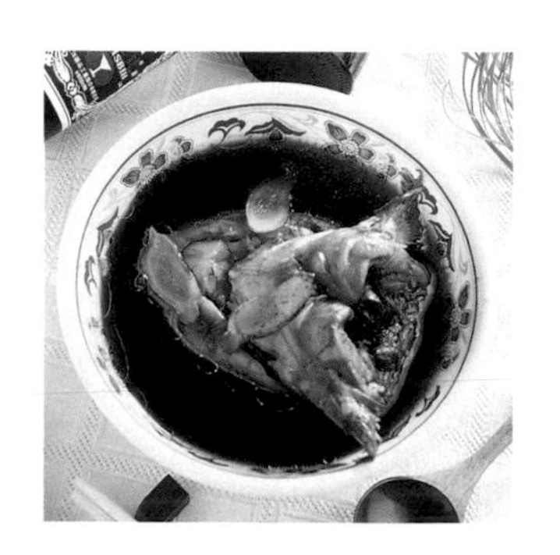

作法：

將土虱加入熱水川燙備用，將藥材及米酒放入鍋中，加入適量的水，以小火熬煮約30分，再將川燙好的土虱放入，待肉熟入味即可。

10 四神湯

配方與材料：

豬腸1斤、茯苓2錢、淮山3錢、芡實5錢、薏仁5錢、蓮子3錢。

作法：

豬腸先除去肥油、再翻面反覆搓洗，待洗淨後加入熱水中川燙備用。將藥材及豬腸加10碗水一起入鍋燉煮，以大火煮開後再轉小火燉約2小時，待豬肚爛透即可。

全台夜市吃透透

「民以食爲天」、「吃飯皇帝大」，這些古早人流傳下來的「好習慣」，讓老饕們哪有美食便往哪裡走，於是乎逛逛充滿各種便宜又大碗的小吃夜市，便成爲了我們休閒生活的重心。

人多的地方就有錢可以賺，夜市裡不但吃的東西多，周邊更聚集了許多服飾店、鞋店、百貨公司以及各類餐飲店，其中講求物美價廉的路邊攤，更是惹人注目的焦點。不管走到那一個夜市，總是能看到絡繹不絕的人潮，圍在攤位旁盡情地享受美食。

台灣是個美麗之島，也是美食的天堂，要了解台灣，不能不了解台灣的吃：要了解台灣的吃，就得從夜市的路邊攤著手！

基隆市

● 基隆廟口夜市

地點：仁三路和愛四路一帶

基隆夜市內的廟口小吃歷史悠久、遠近馳名，入夜之後總是人潮洶湧，有名的鼎邊趖、泡泡冰、營養三明治等，總是出現大排長龍的景象。

「廟口」係指位於奠濟宮附近的仁三路和愛四路的小吃攤。仁三路和愛四路兩條街上成L型，距離雖只有三、四百公尺左右，卻聚集了近二百個攤位；每位經營的老板巧心創作口味和料理，以料實價廉物美、色香味俱全的美食來吸引客，這也是廟口小吃遠近馳名的主要原因。

台北市

● 華西街觀光夜市

地點：廣州街至貴陽街、華西街一帶

過去髒亂的華西街夜市經台北市政府規劃為觀光夜市後，煥然一新；懸吊式的宮燈、入口處的傳統宮殿式牌樓，更添增幾分氣派，成為國內、外觀光客必定造訪之地。

夜市集臺灣小吃大成，從山產到海產一應俱全，雞蛋蚵仔煎、赤肉羹、麻油雞、肉丸、炒螺肉、鱔魚麵、鼎邊銼、青蛙湯及去骨鵝肉等各式美味，應有盡有。又因靠近早期尋芳客密集地寶斗里，因此出現許多以去毒壯陽為號招的蛇店及鱉店，形成當地小吃的特色。

另外野趣十足的現場賣、國術館、健身房、江湖氣息十分濃厚的藥店，打拳賣藥、都是以野台秀起家，台灣俚語韻味有致，也是特色之一；捉蛇表演更是這裡的重頭戲，為觀光客的遊覽焦點

● 士林夜市

地點：原本可分兩大部分，一是慈誠宮對面的市場小吃；一是以陽明戲院為中心，包括安平街、大東路、文林路圍成的區域，現在則遷移到劍潭捷運站口，名為「士林臨時市場」，附近還有停車場，交通、停車都方便。

士林夜市是臺北最著名、也最平民化的夜市去處，各式各樣的南北小吃、流行飾品與服裝，以價格低廉為號召，吸引大批遊客，溢散熱鬧滾滾的氣息。

老饕常會來此品嚐的著名的小吃，包括有大餅包小餅、上海生煎包、大沙茶滷味、刀削麵、東山鴨頭、燒豬肉串、刨冰、天婦羅、廣東鮮粥、火鍋及野味等。

士林夜市除了各種美食外，在大東路和各巷道一帶的服飾、皮鞋、皮包、休閒運動鞋和服裝、裝飾品、寢具和日用品等店鋪和路邊攤，琳琅滿目，更有不少現代哈日族的商品，只要是年輕人喜歡的東西，都可以買得到。

● 公館夜市

地點：羅斯福路、汀州路

公館夜市小吃，攤位多與一般台灣夜市雷同，不過位於東南亞戲院出口附近的大腸麵線、豬血糕及美式鬆餅，可是饕客們不可錯過的美食！各式各樣的食店，更可說是集台北市飲食之大成，不單有美式流行的快餐、速食店，還有中、西式餐廳，南洋口味的菜館。

除了吃的，公館還有許多唱片行、書店、咖啡館、眼鏡行、精品店、服飾店；這裡的夜市跟其他的夜市比較起來，多了一股不一樣書卷氣，和屬於年輕人及上班族的流行感。

● 饒河街夜市

地點：西起八德路四段和撫遠街交叉口，東至八德路四段慈祐宮止，全長約五五十公尺，寬十二公尺。

位於松山一帶的饒河街夜市為台北市第二條觀光夜市，從八

德路、撫遠街交叉口至八德路的慈佑宮，直線式的規劃、整齊的攤位，賦予了饒河街夜市與士林夜市人潮匯流不同的經營方式。饒河街夜市是一條融合現代與傳統的文化大道，除了充斥著米粉湯、豬腳麵線、藥燉排骨、蚵仔麵線、牛雜麵、冰品攤等各式小吃外，各種日用百貨如服飾，皮鞋、時下年輕人喜愛的服飾及配件、電子小產品、布偶等亦物美價廉，此外還有民俗技藝表演及土產展售，稱呼饒河街夜市為另類的城市商業區，也不為過，是一個值得全家夜間休閒的好去處。

● 遼寧街夜市

地點：主要集中長安東路二段到朱崙街段

屬於較為小型的夜市，賣的東西多半以吃的為主，更以海鮮料理聞名，平均大約有20至30個攤位，著名的有鵝肉、海鮮、筒仔米糕、沙威瑪、蚵仔煎、滷味等，由於人潮的關係，使得遼寧街週邊巷道內也開設了許許多多很有特色的咖啡館與餐飲店，使得這一帶區域也有了「咖啡街」之稱。

● 通化街夜市

地點：信義路四段與基隆路二段間

素有「小東區」之稱，夜市內的攤位與商家各佔一半，雖然不像士林夜市或饒河街夜市范圍寬廣，但其中著名的小吃卻是歷史久遠且令人唾涎，如紅花香腸、石家割包、胡家米粉湯以及當歸鴨麵線、鐵板燒、芋圓、愛玉冰，除了美食小吃之外，通化街夜市琳琅滿目、價廉物美的地攤商品，絕對會讓逛街的人不虛此行。

● 師大路夜市

地點：師大路兩旁

鄰近師範大學的師大路夜市，短短一的條街，除了小吃店外，還匯聚了許多的花店、書店及流行商品。

這裡充滿了許多便宜大碗的學生料理；麵線、生炒花枝牛肉、滷味、冰品、牛肉麵……吸引了不少學生和情侶光臨，其中也不乏外國人士，相較於其他夜市，師大夜市更蒙上些許的異國色彩。由於位於學區附近，因此這一帶瀰漫著一股濃厚的人文氣息。

● 延平小吃

地點：迪化街與延平北路一帶

是台北昔日繁華熱鬧的地區，香火鼎盛的霞海城隍廟、歷史悠久的永樂市場及價格低廉的南北貨，促使人潮熙攘。在這裏的小吃也是為人津津樂道的，無論是油飯、魚丸、雞卷、鰭魚米粉、炒螺肉，花枝……等，樣樣都是令人想品嚐的美味小吃

新竹市

● 新竹城隍廟夜市

地點：以中山路城隍廟和法蓮寺廟前廣場為中心

新竹城隍廟在清朝乾隆皇帝年間就已經建廟，但廟前廣場上有小吃攤位的聚集，據推測應該是台灣光復後才開始，所以城隍廟內老字號小攤大多有將近50年的歷史，因此吸引了很多人來這裡

品嚐具有歷史滋味的小吃。在城隍廟小吃攤位內賣的大多是新竹的傳統肉圓及貢丸湯，但除了這些傳統食物之外，潤餅、肉燥飯、魷魚羹及牛舌餅等皆具滋味，而位於東門街及中山路兩側的攤位，則販賣米粉、貢丸、香粉、花生醬等近竹特產，方便遊客採購。

台中市

● 中華路夜市

地點：公園路、中華路、大誠街、興中街一帶

堪稱是台中市最大的夜市，沿著中華路分布著台灣小點心、潤餅、台中肉圓、肉粽、肉羹、米糕、米粉、當歸鴨、排骨酥、蚵仔麵線、蚵仔煎、炒花枝、壽司等許多小吃，還有蛇肉、鱉…等的另類小吃，想要享受不一樣的餐飲選擇，不彷來這裡逛逛；而公園路夜市，則集中銷售成衣、鞋襪及皮革用品。

● 忠孝路・大智路夜市

地點：靠近中興大學一帶

氣勢雖不如中華路夜市熱絡，但聚集的小吃規模、小吃的口味種類與熱鬧更不亞於中華路夜市。從海產、山產、烤鴨、麵、飯、黑輪、冷飲、清粥、蚵仔麵線，樣樣可口美味。

● 東海別墅夜市

地點：東海大學旁的東園巷和新興路一帶

這裡的店家大都是固定的，主要是供應餐飲，像是東山鴨頭、餃子館的酸辣湯和蓮心冰等，都相當的受歡迎。其次是服飾等生活用品店，再加上一些小型攤販，這裡就成了一個熱鬧的小型夜市。

● 逢甲夜市

地點：西屯路二段及西安街之間的福星路、逢甲路及文華路

為滿足逢甲學生在食、衣、住、行、娛樂需要及順應學生消費能力，「價位便宜，應有盡有」便成為逢甲夜市一大特色：福星路、逢甲路除了一些攤位零星散布外，大多為大型店家聚集地，如書店、家具店、精品服飾、禮品、百貨批發店、中西日速食商餐、茶店等；而逢大正門至福星路之間的文華路，則為小型店家、攤販密集區，也是晚間人潮集中最多的地段，販售各式小吃、衣服及飾品等。

台南市

● 武聖夜市

地點：台南市北區和西區交界的武聖街

該夜市幾乎集合了府城流動攤販的精華，要解饞、吃飽，逛一趟武聖夜市，不難獲得滿足，除了傳統的蚵仔煎、炒花枝、炒鱔魚、鴨肉、肉圓、炒米粉、豬肝麵線等小吃，武聖夜市內還有牛排、日本料理、南洋美食、原住民石板烤肉等新興的美食。 除了飲食攤，服飾、飾品的攤位也不少，相當符合年輕人的流行喜好。

● **復華夜市**

地點：復國一路一帶

復華夜市前身為北屋社區內，沿復國一路路邊擺攤之夜市。營業日為每週二、五，攤販大致可分為百貨類、小吃類及遊樂類三大類。

● **小北夜市**

地點：西門路三段迸至育德路

小北夜市的前身是民族路夜市，延續民族路夜市的特色，夜市中主要以台南傳統小吃聞名，像是有名的棺材板、鼎邊銼、鱔魚意麵、蝦卷、蚵仔煎等，都是道地的台南口味，另外像是香腸熟肉、沙魚煙等，則是在其他夜市中少有的食品。

嘉義市

● **文化路夜市**

地點：文化路一帶

嘉義夜市首推文化路最負盛名。每當華燈初上，白天是雙線車道的文化路轉眼成為熱鬧的行人專用道，各式各樣的熟食小吃大展身手，從中山路噴水圓環到垂陽路段，劃分為販賣衣、小吃及水果攤三個區域。許多小吃已發展出具有歷史淵源及地方特色的風格，例如郭景成粿仔湯、噴水火雞肉飯、恩典方塊酥等，均是老饕客們值得一嚐的佳餚。

高雄市

● **六合路夜市**

地點：六合路一帶

走進六和路夜市不但能吃到台灣小吃，而且從「拉麵到」日本料理、「韓流來襲」韓國料理，到香味四溢墨西哥料理……應有盡有，滿足每一張挑剔的嘴；每天入夜後，車水馬龍熱鬧非凡，各種本地可口美食琳琅滿目，經濟實惠，國內外觀光客均慕名而來，知名度頗高，已被列為觀光夜市

● **南華夜市**

地點：民生一路和中正路之間的南華路一帶

新興夜市早期原為攤販聚集處，隨著交通便利和火車站商圈的興起，餐飲、成衣聚集成市，形成現今的繁榮景象。沿街燈火輝煌，成衣業 高度密集，物美價廉，是年輕人選購 服裝的好去處。

花蓮市

● **南濱夜市**

地點：台十一線的路旁

此夜市為花蓮規模最大之夜市，每天入夜後即燈火通明。這裡除了一般的小吃外，還有每客９０元的廉價牛排，以及其他地方看不到的露天卡拉ＯＫ、射箭、射飛鏢、套圈圈、撈金魚等現在已較少能看到的傳統夜市。

● 大禹街觀光夜市

地點：大禹街，位於中山路與一心路之間

大禹街是條頗具知名度的成衣街，它在花東地區而言，尚無出其左右者。由於以往蘇花公路採單向通車管制，相當不便，到台北切貨，一趟來回至少要花個三、四天的時間。因此一些花東地區的零售商或民衆，寧願擠到大禹街來買。 此處所銷售的成衣，大部份以講究實用性的廉價商品居多。時尚、花俏或昂貴的衣飾，在這裡較乏人問津。

台東市

● 光明路夜市

地點：光明路

這是台東最密集的一處，其中以煮湯肉圓最為有名，獨創新法，吸引顧客。

● 福建路夜市

地點：福建路

福建路夜市，得近火車站之地利之便，販賣的東西種類繁多，尤以海鮮攤最具特色。

● 寶桑路夜市

地點：寶桑路

寶桑路夜市的小吃以蘇天助素食麵是台東素食飲食店中口碑最好的一家，以材料道地、湯味十足著稱。

● 四維路臨時攤販中心

地點：位於正氣街、光明路與復興路之間

四維路臨時攤販中心，販賣的東西很多，無所不包。

作　　者　邱巧貞
攝　　影　王正毅

發 行 人　林敬彬
主　　編　張鈺玲
編　　輯　蔡佳淇
美術編輯　像素設計　劉濬安
封面設計　像素設計　劉濬安

出　　版：大都會文化 行政院新聞局北市業字第89號
發　　行：大都會文化事業有限公司
110台北市信義區基隆路一段432號4樓之9
讀者服務專線：（02）27235216
讀者服務傳真：（02）27235220
電子郵件信箱：metro@ms21.hinet.net

Metropolitan Culture Enterprise Co., Ltd.
4F-9, Double Hero Bldg.,432,Keelung Rd., Sec. 1,
TAIPEI 110, TAIWAN
Tel:+886-2-2723-5216　Fax:+886-2-2723-5220
e-mail:metro@ms21.hinet.net

郵政劃撥：14050529　大都會文化事業有限公司
出版日期：2003年1月初版第1刷
定　　價：280元
I S B N：957-28042-2-7
書　　號：money-008

國家圖書館出版品預行編目資料

路邊攤賺大錢8 養生進補篇／邱巧貞著
-- --初版 -- --
臺北市：大都會文化，2002〔民91〕
面；公分. -- -- （度小月系列：8）
ISBN 957-28042-2-7（平裝）
1.飲食業 2.創業
483.8 91021772

大都會文化事業有限公司
讀者服務部收

110 台北市基隆路一段432號4樓之9

寄回這張服務卡（免貼郵票）
您可以：
◎不定期收到最新出版訊息
◎參加各項回饋優惠活動

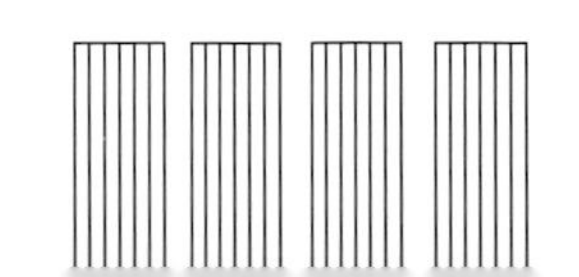

書號：Money-008　路邊攤賺大錢【養生進補篇】

謝謝您選擇了這本書！期待您的支持與建議，讓我們能有更多聯繫與互動的機會。日後您將可不定期收到本公司的新書資訊及特惠活動訊息。

A. 您在何時購得本書：______年______月______日

B. 您在何處購得本書：____________書店，位於________(市、縣)

C. 您從哪裡得知本書的消息：1.□書店 2.□報章雜誌 3.□電台活動 4.□網路資訊 5.□書籤宣傳品等 6.□親友介紹 7.□書評 8.□其它____________

D. 您購買本書的動機：（可複選）1.□對主題或內容感興趣 2.□工作需要 3.□生活需要 4.□自我進修 5.□內容為流行熱門話題 6.□其他______________

E. 為針對本書主要讀者群做進一步調查，請問您是：1.□路邊攤經營者 2.□未來可能會經營路邊攤 3.□未來經營路邊攤的機會並不高，只是對本書的內容、題材感興趣 4.□其他

F. 您認為本書的部分內容具有食譜的功用嗎？1.□有 2.□普通 3.□沒有

G 您最喜歡本書的：（可複選）1.□內容題材 2.□字體大小 3.□翻譯文筆 4.□封面 5.□編排方式 6.□其它______________

H. 您認為本書的封面：1.□非常出色 2.□普通 3.□毫不起眼 4.□其他__________

I. 您認為本書的編排：1.□非常出色 2.□普通 3.□毫不起眼 4.□其他__________

J. 您通常以哪些方式購書：(可複選) 1.□逛書店 2.□書展 3.□劃撥郵購 4.□團體訂購 5.□網路購書 6.□其他

K. 您希望我們出版哪類書籍：（可複選）1.□旅遊 2.□流行文化3.□生活休閒 4.□美容保養 5.□散文小品 6.□科學新知 7.□藝術音樂 8.□致富理財 9.□工商企管 10.□科幻推理 11.□史哲類 12.□勵志傳記 13.□電影小說 14.□語言學習（____語）15.□幽默諧趣 16.□其他______________

L. 您對本書(系)的建議：________________________

____

M. 您對本出版社的建議：________________________

____

讀者小檔案

姓名：____________ 性別：□男 □女　生日：_____年_____月_____日

年齡：□20歲以下 □21～30歲 □31～50歲 □51歲以上

職業：1.□學生 2.□軍公教 3.□大眾傳播 4.□ 服務業 5.□金融業 6.□製造業 7.□資訊業 8.□自由業 9.□家管 10.□退休 11.□其他 ____________

學歷：□ 國小或以下 □ 國中 □ 高中／高職 □ 大學／大專 □ 研究所以上

通訊地址：

____

電話：（H）__________（O）__________ 傳真：__________

行動電話：____________ E-Mail：____________

大都會文化事業圖書目錄

度小月系列

路邊攤賺大錢【搶錢篇】......定價280元
路邊攤賺大錢2【奇蹟篇】.....定價280元
路邊攤賺大錢3【致富篇】.....定價280元
路邊攤賺大錢4【飾品配件篇】.定價280元
路邊攤賺大錢5【清涼美食篇】.定價280元
路邊攤賺大錢6【異國美食篇】.定價280元
路邊攤賺大錢7【元氣早餐篇】.定價280元

流行瘋系列

跟著偶像FUN韓假..........定價260元
女人百分百——
男人心中的最愛...........定價180元
哈利波特魔法學院...........定價160元
韓式愛美大作戰............定價240元
下一個偶像就是你...........定價180元
芙蓉美人泡澡術—
66個養生健美新主張......定價220元

DIY系列

路邊攤美食DIY............定價220元
嚴選台灣小吃DIY..........定價220元

人物誌系列

皇室的傲慢與偏見...........定價360元
現代灰姑娘...............定價199元
黛安娜傳.................定價360元
最後的一場約會............定價360元
船上的365天..............定價360元
優雅與狂野—威廉王子.......定價260元
走出城堡的王子............定價160元
殞逝的英格蘭玫瑰...........定價260元
漫談金庸—
刀光・劍影・俠客夢......定價260元
貝克漢與維多利亞—
新皇族的真實人生.........定價280元

City Mall系列

別懷疑，我就是馬克大夫.....定價200元
就是要賴在演藝圈...........定價180元
愛情詭話.................定價170元
唉呀！真尷尬..............定價200元

精緻生活系列

另類費洛蒙...............定價180元
女人窺心事...............定價120元
花落....................定價180元

發現大師系列

印象花園—梵谷............定價160元
印象花園—莫內............定價160元
印象花園—高更............定價160元
印象花園—竇加............定價160元
印象花園—雷諾瓦..........定價160元
印象花園—大衛............定價160元
印象花園—畢卡索..........定價160元
印象花園—達文西..........定價160元
印象花園—米開朗基羅.......定價160元
印象花園—拉斐爾..........定價160元
印象花園—林布蘭特.........定價160元
印象花園—米勒............定價160元
印象花園套書（12本）......定價1920元
.......................（特價**1499**元）

Holiday系列

絮語說相思 情有獨鐘........定價200元

工商管理系列

二十一世紀新工作浪潮.......定價200元
美術工作者設計生涯轉轉彎...定價200元
攝影工作者設計生涯轉轉彎...定價200元
企劃工作者設計生涯轉轉彎...定價220元
電腦工作者設計生涯轉轉彎...定價200元
打開視窗說亮話............定價200元
七大狂銷策略..............定價220元
挑戰極限.................定價320元
30分鐘教你提昇溝通技巧.....定價110元
30分鐘教你自我腦內革命.....定價110元

30分鐘教你樹立優質形象 定價110元
30分鐘教你錢多事少離家近 ...定價110元
30分鐘教你創造自我價値 定價110元
30分鐘教你Smart解決難題 ..定價110元
30分鐘教你如何激勵部屬 定價110元
30分鐘教你掌握優勢談判 定價110元
30分鐘教你如何快速致富 定價110元
30分鐘系列行動管理百科
（全套九本） 定價990元
（特價**799**元，加贈精裝行動管理手札一本）
化危機為轉機 定價200元

親子教養系列
兒童完全自救寶盒 定價3,490元
（五書+五卡+四卷錄影帶 特價：**2,490**元）
兒童完全自救手冊—
爸爸媽媽不在家時 定價199元
兒童完全自救手冊—
上學和放學途中 定價199元
兒童完全自救手冊—
獨自出門 定價199元
兒童完全自救手冊—
急救方法 定價199元
兒童完全自救手冊—
急救方法與危機處理備忘錄 ..定價199元

語言工具系列
NEC新觀念美語教室 定價12,450元
（共8本書48卷卡帶　特價 **9,960**元）

信用卡專用訂購單

我要購買以下書籍：

書　名	單價	數量	合計

總共：________ 本書 ________ 元
（訂購金額未滿500元以上，請加掛號費50元）
信用卡號：________
信用卡有效期限：西元______年_____月

信用卡持有人簽名：________
（簽名請與信用卡上同）
信用卡別：□VISA □Master □AE □JCB □聯合信用卡
姓名：________性別：______
出生年月日：_____年____月____日 職業：______
電話：（H）________ （O）________
傳真：________
寄書地址：□□□
____
e-mail：________

您可以採用下列簡便的訂購方式：

- 請向全國鄰近之各大書局選購
- 劃撥訂購：請直接至郵局劃撥付款。
  帳號：**14050529**
  戶名：大都會文化事業有限公司
  （請於劃撥單背面通訊欄註明欲購書名及數量）
- 信用卡訂購：請填妥下面個人資料與訂購單
  （放大後傳真至本公司）

讀者服務熱線：(02) 27235216（代表號）
讀者傳真熱線：(02) 27235220
（24小時開放請多加利用）
團體訂購，另有優惠！

大旗出版
大都會文化事業有限公司
台北市信義區基隆路一段432號4樓之9
電話：(02)27235216(代表號)
傳真：(02)27235220
（24小時開放多加利用）
e-mail：metro@ms21.hinet.net
劃撥帳號：14050529
戶名：大都會文化事業有限公司